U0099143

預防出生缺陷 孕育健康寶寶

妳的產檢做對了嗎？

榜生婦幼聯盟總院長
鄭忠政醫師 ◎著

CH9 孕期疑問那麼多，大B哥來解惑！ 176

提供每位孕產婦最優質的醫療與盡善盡美的環境與服務，是我們追求的目標。我們的服務信念是以誠信、負責、熱忱、助人的心為出發，讓每位孕產婦能感受到榮耀、幸福、快樂、滿足的全人醫療為目的。因此，百分百滿意的服務已經遠遠不夠，最極致的服務是要讓每位孕產婦在被服務的過程中有滿滿的「感動」！

滿足每位孕產婦的不同需求及提供客製化服務，是我們產科醫療從業人員不斷努力的使命，秉持熱心、信心、耐心、愛心、窩心的「五心」精神，及不斷提升品質的高科技服務，勇往向前不斷精進，以期能達成讓每位孕產婦「感動」的經營願景。相信擁有這樣服務理念的婦產科診所，必是現今孕產婦的最佳選擇。

而在優化的硬體及細緻的人員服務之外，孕產婦更應該關注的是醫療機構所能提供的服務「內涵」。有別於舊世代「只檢查媽媽」的產檢，新世代產檢則致力於「全方位檢查」，也就是選擇完整的「產檢+胎檢+基（因）檢」三環合一的產檢，才能安全不漏，並能更全面地確保孕媽咪及胎兒健康。

人類醫學在近幾十年有了長足的進步，基因科技解碼了上萬種染色體及基因異常疾病，這些疾病現如今都可以在孕期或孕前被篩檢出來，像是屬於染色體異常的蒙古型癡呆症（唐氏症），以及屬於基因異常的海洋性貧血等以前無法診斷的疾病，現在都能迎刃而解。

尤其產科新知近年更是有重大突破，例如會在懷孕後期引發孕媽咪腳腫（大象腿）、抽筋且危險性極高的妊娠毒血症，現在在懷孕早期透過血液檢查及子宮動脈血流壓力檢測便可得知罹病風險，並能以服用阿斯匹靈做預防，使妊娠毒血症的患者大幅減少九成；另外，以往造成產婦大出血，致死率極高的產後出血重症，近幾年也有強效子宮收縮劑藥物可使用，且不管是自然產、剖腹產都能使用，這就使生產這件神聖的事變得更安全。

21世紀新式產檢的目的在於預防出生缺陷，孕育健康寶寶。本書即以「預防出生缺陷」為題，點出新世代產檢的新觀念，並提醒孕媽咪在孕產過程及產後的應注意事項。

此外，要能做到預防出生缺陷，孕育健康寶寶，孕媽咪最關心的不外是以下兩個問題：

1.為了寶寶健康，哪些保健品一定要花錢買來吃？

2.要避免發生孕期高危疾病及預防寶寶出生缺陷，哪些自費檢查必須要做？

這些問題在書中都會有詳細說明，另外，本書的內容還有孕育健康、聰明寶寶不能不知道的關鍵知識，結合產前、產中、產後保障新生兒完整健康的「大三環」檢查，及孕期常見困擾孕媽咪的生活問題，最後透過專業的「大B哥來解惑」，提供最全面、最前沿的懷孕及育兒新知，期盼在現今少子化時代，能與每位孕媽咪共同培育台灣最健康、最聰明的優生新世代。

榜生婦幼聯盟關心您！

CH 1

預防出生缺陷，妳的產檢做對了嗎？

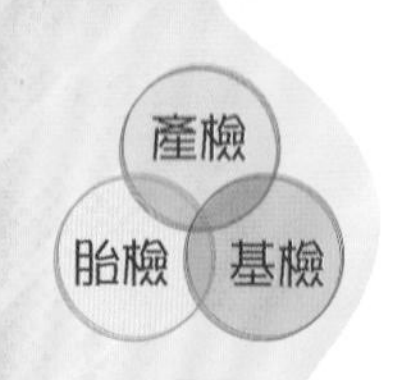

恭喜妳懷孕了！從現在開始，妳將成為寶寶生命健康的第一責任人，守護胎兒健康要從孕媽咪做起，妳必須要有完整的孕前準備，並在孕期做好充足且全面的檢查，提供自己及寶寶適當且足夠的營養，才能為寶寶奠定健康成長及良好學習的體質基礎，讓寶寶真正贏在生命的起跑線。

1 傳統產檢只檢查媽媽

在沒有現代醫學的年代，對於懷孕這件事，民間流傳「肚子尖尖生男孩、肚子圓圓生女孩」，它的原理應該是依據羊水分佈型態來判定寶寶的性別；另外也有依胎兒心跳判定性別的說法，例如胎兒心跳較輕快，女孩的機會大，如果胎兒的心跳較沉穩，就可能是男孩。這些方法算是最早的產檢形式，但都沒有科學依據。

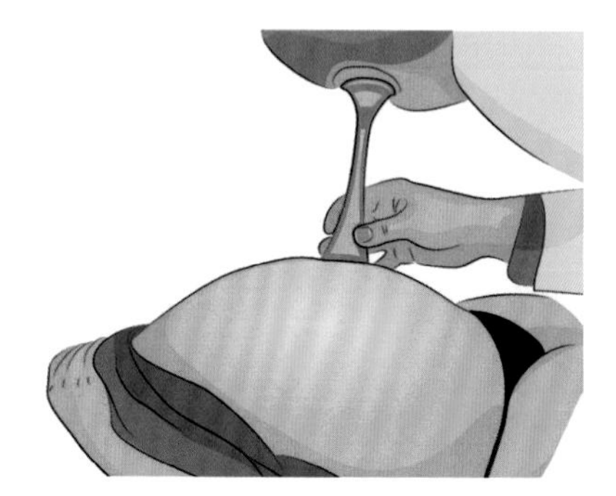
▲早期婦產科醫師用木製胎心音聽筒替孕媽咪產檢

近代，雖然有了產科醫學，但仍然沒有現代化的檢驗儀器，醫師只能靠雙手、聽診器或胎心音聽筒來做最基本的觸診與聽診。這從現代醫療條件來看似乎也不科學，但醫師臨床觸診經驗多了，雙手有時真的可以跟儀器一樣準確。

觸診不只是可以摸出寶寶的四肢是否完好，有經驗的醫師還能分辨胎兒頭部大小是否正常、胎位正不正，甚至能從孕媽咪的肚子是否有反射性疼痛來分辨懷孕初期因子宮外孕導致的內出血。只是這種產檢形式大多只能檢查孕媽咪，胎兒若是有先天疾病並無法查知，父母只能在胎兒出生後才開始面對寶寶先天缺陷的問題。

到了20世紀初期，人類發明了超音波，把它用在產科醫學上，使產前檢查更方便、更精確了，讓準爸爸、準媽媽們能提前與小寶寶見面，更重要的是超音波能提早發現胎兒先天缺陷的問題。

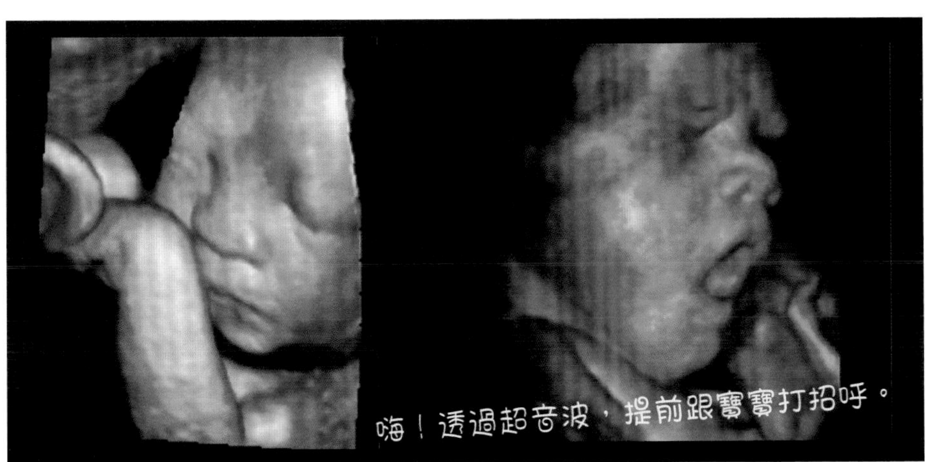

第一次世界大戰期間，英國海軍用超音波來偵測海床深度及德國潛水艇的位置。第二次世界大戰之後，戰爭平息，超音波頓時無用，於是有人想到胎兒在羊水裡就像潛水艇在海裡，而有了把超音波用在胎兒掃瞄的想法。

1958年，英國學者首度發表了醫用超音波，同年台灣從日本引進這項技術，自此改寫台灣的產檢方法，現如今，台灣絕大多數的孕媽咪在產前都會做超音波檢查。

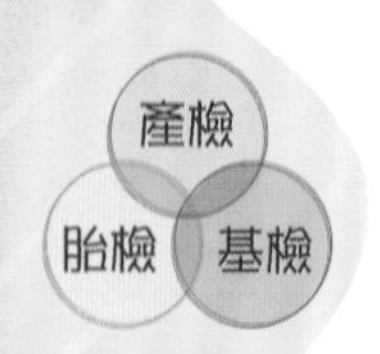

科技來幫忙，寶寶更健康

超音波的發明對人類健康可說是一大福音。

1970年代，已廣泛使用在醫學領域，產科利用超音波可直接看到胎兒影像。

1980年代，陰道超音波出現，將其運用在產科醫學上，可提早在懷孕第5～6週就聽到胎兒心跳，也可辨別出子宮外孕和俗稱「空包彈」的萎縮性胚囊。

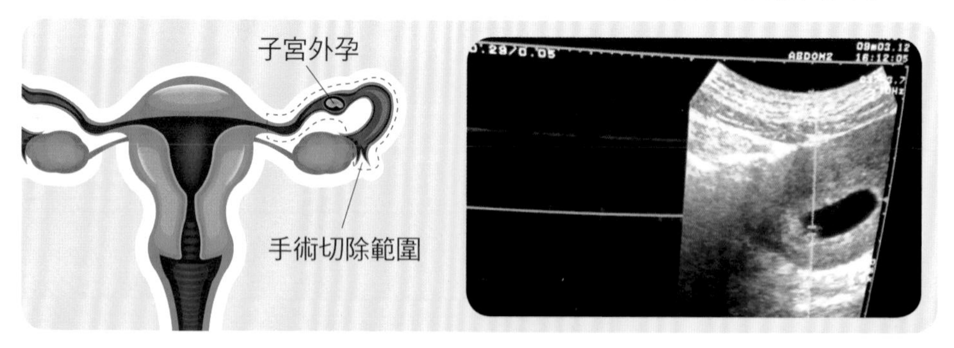

1998年，3D立體超音波出現，可進一步看到胎兒的立體影像，確認胎兒肢體結構是否正常，可避免生出先天缺陷的寶寶，對優生學來說是一大進步。榜生婦幼在1999年（民國88年）就引進了3D立體超音波，為當時台北縣（2010年改制為新北市）的先驅，提升了婦產科醫師的診斷能力，也減少了準父母的憂慮。

一般以超音波可辨識且常見的胎兒異常包括：

1.兔唇

2.器官異常

3.胎兒過大／過小

4.羊水量過多／過少

5.胎盤位置異常

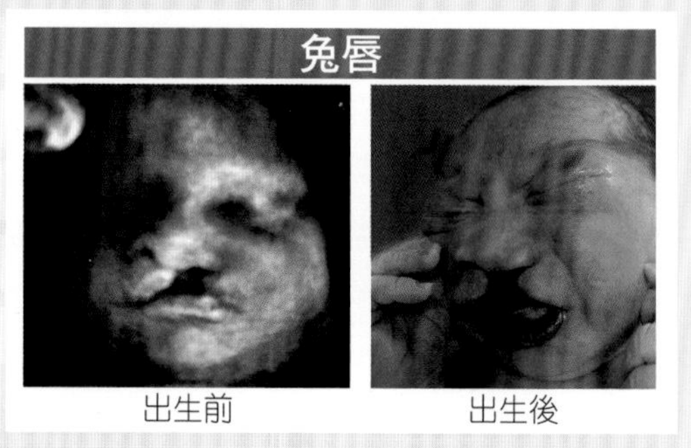
兔唇

出生前　出生後

2 更週全的新世紀產檢

20世紀的產前檢查模式著重在懷孕30週（懷孕晚期）以後的檢查，因為孕媽咪大多在懷孕晚期才會出現較多的併發症。懷孕的前7個月（30週之前），基本只做第16、20、24、28週的例行檢查（一個月一次），這樣的產檢模式沿用了近100年。

隨著醫學科技日益發展，更多、更新的產檢方式及儀器紛紛被運用在產科醫學上，很多的產科併發症在懷孕初期就可以被預測或診斷出來，能夠彌補過去傳統產檢無法篩查出畸形兒的遺憾。

有別於「只檢查孕媽咪」的舊世代產檢，21世紀新式產檢致力的是「全方位檢查」，這種著重在懷孕初期的顛倒三角形產檢，在懷孕第11～13週就進行完整的檢查，因此在懷孕早期即能預測到可能發生的併發症，把孕期的高風險疾病提早篩查出來，以期達到「早期偵測、早期預防、早期治療」的目的，更完整地確保母胎健康。

在懷孕前3個月做好基礎產檢，從寶寶的DNA著手，才能「預防出生缺陷，孕育健康寶寶」。

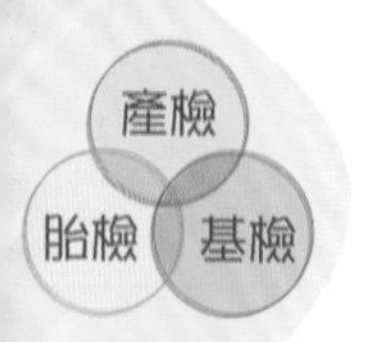

圖一

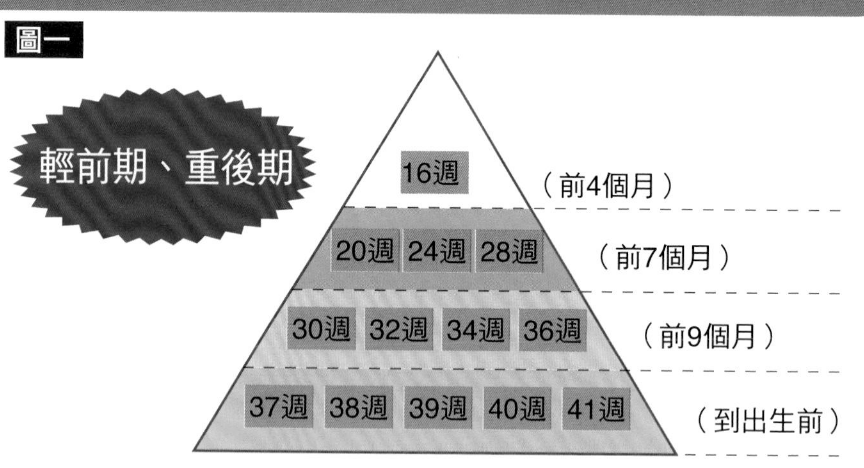

新世紀全面性「顛倒三角形」產檢

圖二

將產檢重點著重在懷孕初期（前3個月）

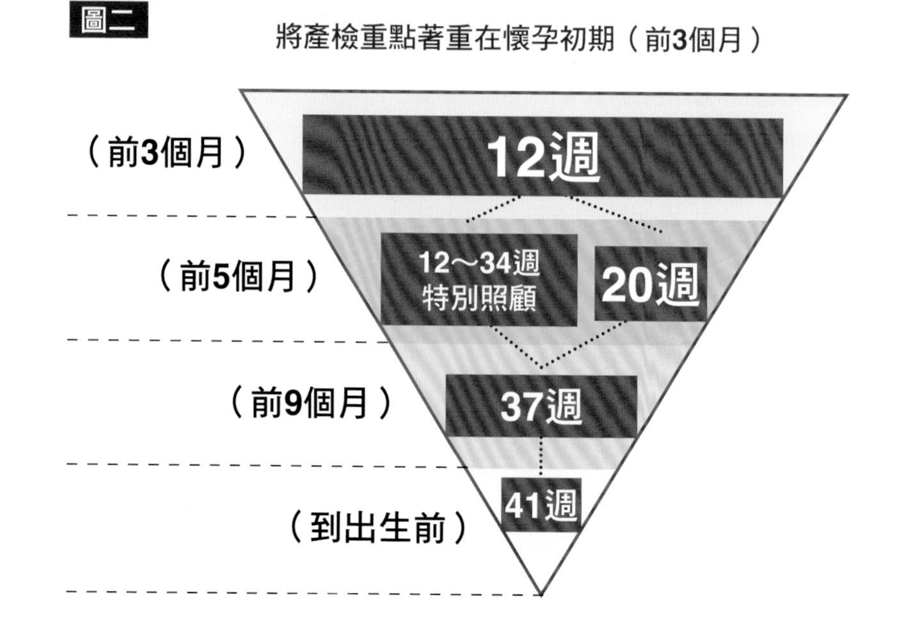

3 「產檢+胎檢+基檢」三環合一，安全不漏

即使有先進的產檢儀器來幫忙，但只檢查媽媽的產檢仍沒辦法知道胎兒是否有：

1.結構性異常：如兔唇、器官缺陷等（胎檢）。

2.染色體、基因異常：如唐氏症、海洋性貧血等（基檢）。

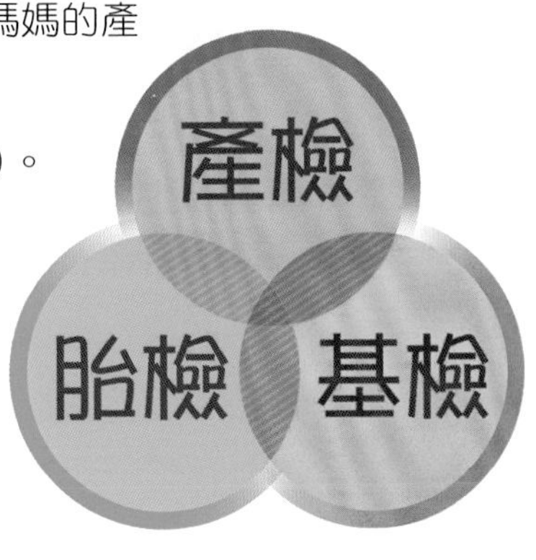

只有完整「產檢+胎檢+基檢」三環合一的檢查，才能安全不漏，為母胎健康全面把關，預防出生缺陷，孕育健康寶寶。

產檢

傳統產檢

孕媽咪檢查項目：

- ☑量體重 ☑聽胎心音 ☑心臟病
- ☑量血壓 ☑高血壓 ☑傳統遺傳性疾病
- ☑看腹圍 ☑糖尿病 ☑免疫疾病

胎兒檢查項目：

- ☑有無感染性異常
- ☑有無發育不良的情況

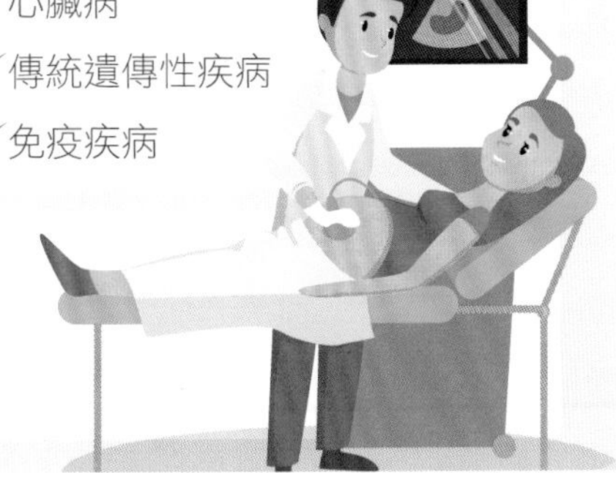

這種正三角形的傳統產檢方式（圖一），缺少了胎檢（胎兒結構異常）和基檢（胎兒染色體、基因異常）的詳細檢查。所以，為了「預防出生缺陷，孕育健康寶寶」，「產檢+胎檢+基檢」三環合一的檢查絕對是缺一不可。

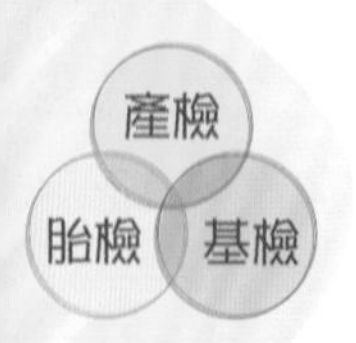

胎檢

這是針對胎兒結構性的檢查，主要是高層次超音波檢查，透過精密的超音波儀器，可提早發現寶寶有沒有發育異常。

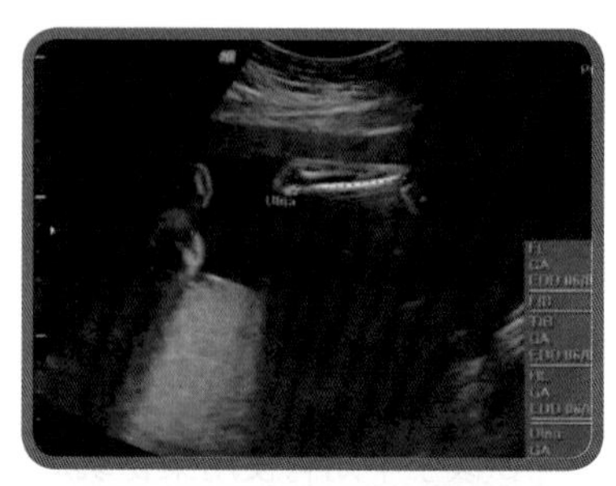

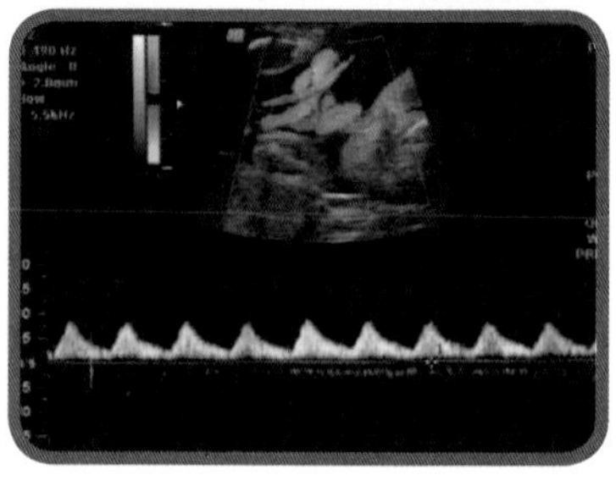

比如在第一孕期（懷孕第11～13週），可以觀察寶寶的頸部透明帶厚度，及鼻骨是否出現，再加上抽血檢查，便可預測寶寶染色體異常的機率。

高層次超音波檢查是針對胎兒的腦部、頭頸部、心臟、胸部、腹部、脊椎、四肢，及臍帶、胎盤等所有器官進行影像檢查，除了看胎兒的生長發育、胎盤和羊水等基本情況外，還要對胎兒的各個器官和各生理系統進行詳細檢查，目的在瞭解胎兒是否存在重大的結構缺陷。

高層次超音波檢查時間建議在孕期第20～24週，此時可看出大多數的胎兒結構異常，太早做的話胎兒還太小，器官沒發育完全，無法發現結構異常，太晚做的話，如果發現重大畸形，這時胎兒已進入可存活階段，若在此時終止妊娠，對孕媽咪的身體及心理都會造成重大打擊。

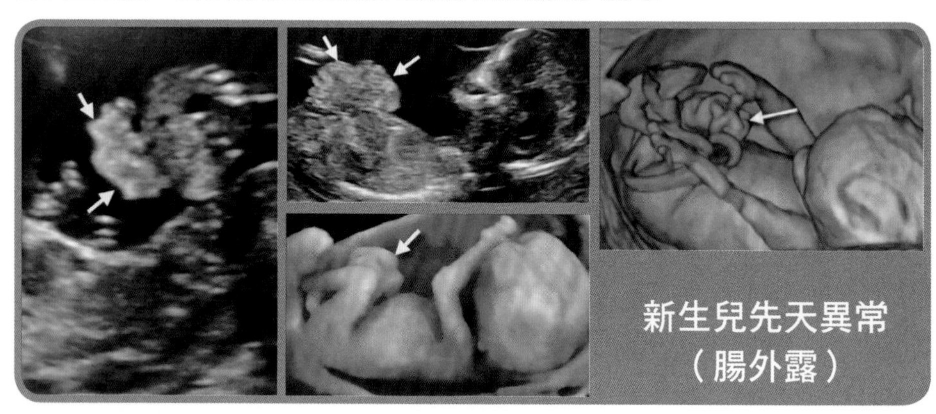

新生兒先天異常（腸外露）

哪些人需要做高層次超音波檢查？

基本上，所有孕媽咪都應該做，特別是有以下情況更是不能不做：

1.產檢時發現異常，如胎兒頸部透明帶過厚、羊水過多或過少、生長遲滯。

2.有家族遺傳疾病、孕媽咪自體免疫疾病、糖尿病等。

3.懷孕早期有使用藥物或遭病毒感染。

4.人工生殖之胎兒、多胞胎和高齡孕媽咪。

基檢

即染色體及基因檢查，它可確認胎兒染色體及基因是否正常。例如以羊膜穿刺檢查胎兒染色體，確認寶寶是否為唐氏兒，這就是最早的基檢哦！

但有時胎兒外觀看起來正常（結構沒有異常），卻有可能是染色體或基因不正常，這種情況在過去是檢查不出來的，但人類醫學在近幾十年有了長足的進步，尤其是近年，基因解碼了上萬種染色體及基因異常疾病，透過基因檢查，這些疾病如今已可被篩查出來，對預防寶寶出生缺陷有重大貢獻。

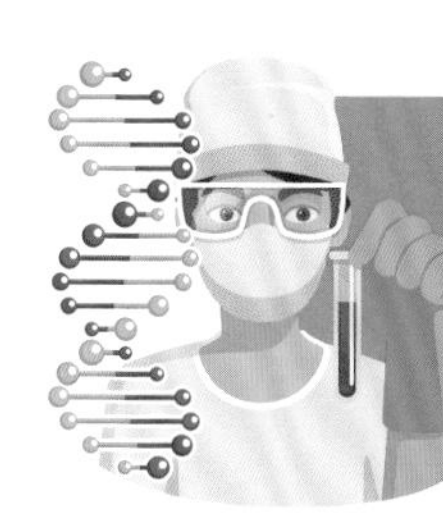

基檢

- 檢查標的：染色體、基因
- 檢查方式：抽羊水，抽母血

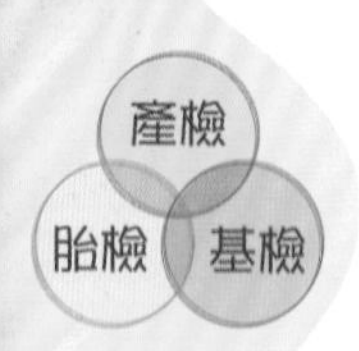

4 例行產檢懶人包

（擴大孕媽咪產前健康檢查）

告訴妳一個祕密！

當超音波能看出懷孕，寶寶其實已經大於1個月了，但這時胎兒的存活狀態還不穩定，一直要到懷孕8週時出現胎兒心跳，就比較不會流產，算是穩定了；到了12週，擴大的子宮會漸漸突出骨盆腔，從外觀約略能看到孕肚，接下來一直到生產，就是孕媽咪帶「球」走的日子了！

陰道超音波（以月經週期28天為例）

1 月經的第1天

15 排卵（性行為）

22 著床（懷孕的第1天）

（空窗期）

26 驗孕（驗孕棒可以驗出兩條線）

30 超音波（可以看到妊娠囊）

註：

1.性行為之後兩個星期驗孕才能驗出是否懷孕。

2.著床（懷孕）的第1天，就是懷孕3週了。

3.驗孕棒驗出懷孕，就是懷孕快要4週（1個月）了。

4.當超音波可以看到妊娠囊，驗孕棒呈現的兩條線一定一樣很深了，此時如果服用藥物就有畸胎的風險。

（請參閱本書P.152「藥物對胎兒的影響」）

為了媽媽、寶寶的安全及健康，孕媽咪要記得定時做產檢哦！

一般產前檢查

產檢週數	檢查項目
懷孕28週以前	每4週一次
懷孕29～35週	每2週一次
懷孕36週以後	每1週一次

產前檢查記錄表

次數	日期	週數	體重（kg）	血壓（mm Hg）	尿蛋白/尿糖	特殊記事
1						
2						
3						
4						
5						
6						
7						
8						
9						
10						
11						
12						
13						
14						
15						

詳細做好產前檢查記錄表，可幫助有疑問時可以跟醫生做有效溝通，也可以做為下次再懷孕時的參考哦！

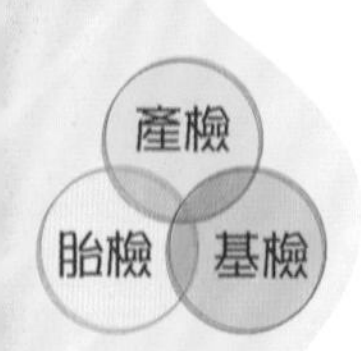

產檢懶人包！

產檢週數	產檢項目	費用
<12週	1.體重、血壓、尿液常規（尿蛋白） 2.實驗室檢查：血液常規檢查（ABO血型、RH因子）、海洋性貧血、德國麻疹、梅毒、AIDS（愛滋病）、B型肝炎、抹片檢查（>30歲） 3.第8～16週提供1次一般超音波檢查	健保
	*1.TORCH（巨細胞病毒、弓漿蟲等）篩檢 *2.脊椎性肌肉萎縮症篩檢（SMA）（懷孕時無法診斷，出生後無藥可醫） *3.X染色體脆折症檢查（Fragile X Syndrome） *4.先天性腎小管發育不全（RTD）（新項目） *5.早期子癲前症（妊娠毒血症）篩檢 6.孕母血中維生素D_3檢驗 7.葉酸代謝MTHFR基因檢測 8.重金屬尿液檢測（PM2.5） 9.甲狀腺功能篩檢 10.早期妊娠糖尿病篩檢 11.抹片檢查（<30歲） 12.早產（流產）偵測： 子宮頸長度測量+淋病檢查+陰道滴蟲檢查	自費

註：*表示這些疾病「懷孕時幾乎無法診斷，出生後無藥可醫」，或是會造成孕媽咪及胎兒死亡的風險，建議一定要做！

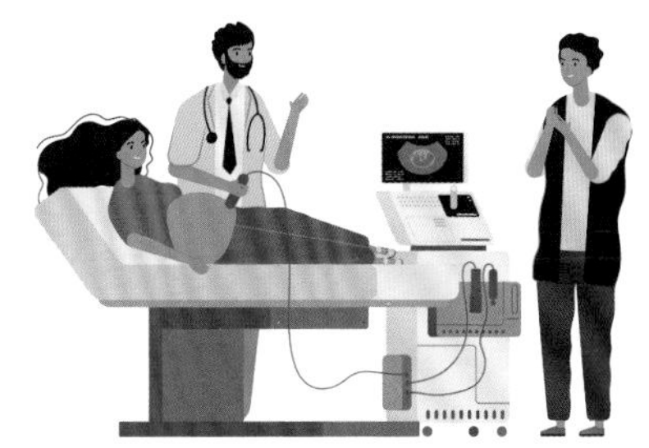

產檢週數	產檢項目	費用
12～19週	體重、血壓、尿液常規（尿蛋白）、胎兒心跳	健保
	1.染色體及基因檢查： ❶第一孕期唐氏症篩檢（11～14週）（胎兒頸部透明帶NT測量+鼻骨+抽血） ❷第二孕期母血血清四指標唐氏症篩檢（含神經管缺損檢測） ❸非侵入性抽母血檢測胎兒染色體（NIPT）及基因晶片胎兒DNA異常檢測（10+～20週）（檢測唐氏症及基因異常疾病） ❹羊膜穿刺胎兒染色體檢查（建議高齡或唐氏症篩檢異常個案需做） ❺基因晶片定量分析（a-CGH），利用胎兒基因晶片檢測微小基因片段缺失（microdeletion）罕見疾病檢查（抽羊水或抽母血） 2.B型肝炎病毒DNA定量檢測，HBsAg（+）的孕媽咪建議做	自費
20～24週	1.體重、血壓、尿液常規（尿蛋白） 2.20週後有一次一般超音波檢查	健保
	高層次超音波檢查	自費
24～28週	1.體重、血壓、尿液常規（尿蛋白）	健保
	2.妊娠糖尿病篩檢（OGTT）+胰島素阻抗（IR）和血脂（TG）檢測 3.貧血檢驗、中晚期子癲前症風險暨胎盤功能檢測（懷孕20週以後）	自費

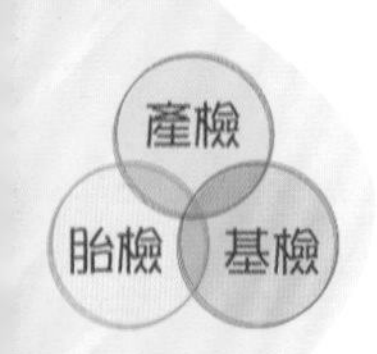

產檢週數	產檢項目	費用
28～32週	1.體重、血壓、尿液常規（尿蛋白） 2.抽血檢驗梅毒 3.生產計劃書說明（28週）	健保
	檢查膽酸（cholic acid）及肝功能	自費
34～36週	1.體重、血壓、尿液常規（尿蛋白） 2.35～37週B型鏈球菌篩檢（耗材費須自負） 3.生產計畫書說明 4.32週～產前提供1次一般超音波檢查	健保
	披衣菌篩檢	自費
36～37週	1.體重、血壓、尿液常規（尿蛋白） 2.生產計畫書說明	健保
37～38週	1.體重、血壓、尿液常規（尿蛋白）、生產階段評估、協助產婦做好心理建設 2.生產計畫書說明	健保
38～39週	1.體重、血壓、尿液常規（尿蛋白）、產婦開始注意胎動及宮縮反應 2.生產計畫書說明	健保
39～40週	體重、血壓、尿液常規（尿蛋白）、胎心音及胎動測試，妊娠過期需注意胎盤功能退化的現象	健保
40～41週	體重、血壓、尿液常規（尿蛋白）、胎心音及胎動測試，可考慮安排催生事宜	健保

★因應少子化浪潮來襲，衛福部有給孕媽咪新福利哦！

自2021年7月1日開始，衛福部新增健保產檢給付，除提高產檢次數，也新增項目：

產檢次數 ➤ **10次→14次**

（增加4次，懷孕第8、24、30、37週）

維持母體及胎兒健康，預防妊娠合併症，早期發現異常可及早治療，另經醫療專業判斷有特殊需求者，可專案申請。

產檢項目增加

1.增加妊娠糖尿病篩檢及貧血檢測（懷孕第24～28週），及早發現可提供醫療及衛教，降低母嬰併發症風險。

2.增加2次一般超音波（懷孕第8～16週、第32週～產前），預估妊娠週數，監測胎兒異常、多胞胎，以降低引產率。

擴大孕婦產前健康檢查服務對象及時程表：

產檢次數	產檢週數	產檢次數	產檢週數	產檢次數	產檢週數
第1次	第8週	第6次	第28週	第11次	第37週
第2次	第12週	第7次	第30週	第12次	第38週
第3次	第16週	第8次	第32週	第13次	第39週
第4次	第20週	第9次	第34週	第14次	第40週
第5次	第24週	第10次	第36週		

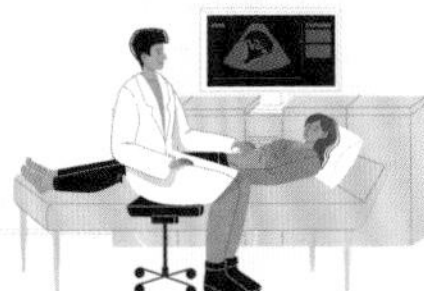

- 共14次產檢
- 超過預產期（>40週可專案申請）

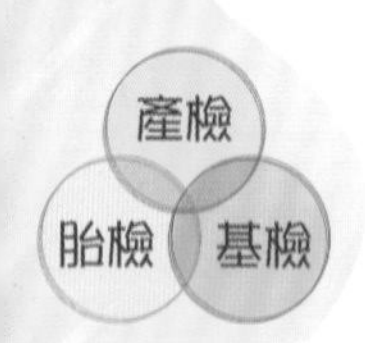

5 21世紀顛倒金字塔產檢

21世紀最強產檢模式強調懷孕早期（13週以前）的檢查非常重要，若能在這時及早把高風險疾病篩查出來，就能提高孕產的安全性。

是結合：1.產檢、2.胎檢、3.基檢，三環合一的全方位檢查。

顛倒金字塔產檢分為以下六大項：

- 1.基本檢查
- 2.妊娠營養
- 3.妊娠期間有關孕媽咪的疾病
- 4.感染

（1～4：傳統產檢）

- 5.遺傳基因——基檢
- 6.胎兒結構篩檢——胎檢

12週
12～34週 特別照顧
20週
37週
41週

1.基本檢查

項目	說明	健保給付
1.體重、血壓、尿常規	常規檢查	是
2.超音波	常規檢查	是
3.實驗室檢查： ・血液常規檢查（ABO血型、RH因子） ・海洋性貧血（MCV篩檢） ・德國麻疹抗體 ・梅毒 ・AIDS（愛滋病） ・B型肝炎（HBsAg，HBeAg）	常規檢查（篩檢）	是
4.重金屬尿液檢測（PM2.5特檢）	檢測鉛、砷、鎳、汞、鋁、鎘等六項最易導致胎兒畸形的環境重金屬（PM2.5）	無

2.妊娠營養

項目	說明	健保給付
1.孕母血骨化二醇（維生素D_3）檢驗	維生素D不足會造成子癲前症、妊娠糖尿病、早產及胎兒過小（WHO已列為常規檢查）	無
2.葉酸代謝MTHFR基因檢測	找出葉酸代謝異常的孕媽咪，必須服用5-MTHF活性態葉酸，避免未代謝的葉酸在孕媽咪體內蓄積（請參閱本書P.112「葉酸代謝」），防止胎兒發生神經管缺損	無

3.妊娠期間有關孕媽咪的疾病

項目	說明	健保給付
1.早期子癲前症（妊娠毒血症）篩檢	1.高危險孕媽咪服用阿斯匹靈藥物預防 2.建議體重超過60公斤及有高血壓病史的孕媽咪要做 3.可及早治療	無
2.甲狀腺功能篩檢	易流產、早產，WHO建議孕媽咪作為常規檢查（歐盟、大陸已全面實施）	無
3.早期妊娠糖尿病篩檢	1.早期偵測，早期控制（血糖及HbA1c） 2.建議體重超過60公斤及有糖尿病病史的孕媽咪要做	無
4.檢查膽酸（cholic acid）及肝功能	1.檢查是否有妊娠膽汁淤積症（ICP） 2.全身性搔癢的孕媽咪建議做	無
5.中晚期子癲前症風險暨胎盤功能檢測	1.錯過了子癲前症早期風險評估的孕媽咪，在懷孕20週以後需做 2.胎兒過小時需做 3.孕期高血壓，疑似子癲前症時需做 4.疑似胎盤功能不良時需做	無

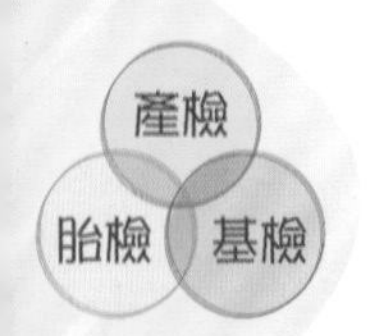

4.感染

項目	說明	健保給付
1.TORCH篩檢 （孕期無法診斷，出生無藥可醫） ・T：弓漿蟲 ・O：其他，如梅毒等 ・R：德國痲疹 ・C：巨細胞病毒 ・H：皰疹病毒	導致胎兒畸形（失聰、失明、發展遲緩）的最重要感染疾病（每次懷孕都要檢查）	T：無 O：健保 R：健保 C：無 H：無
2.抹片檢查	根據美國疾病管制局（CDC）建議，所有孕媽咪應做抹片檢查	（≧30歲）是 （<30歲）無
3.早期（流產）偵測 ・淋病檢查 ・陰道滴蟲檢查 ・子宮頸長度檢測 ・BV Blue細菌性陰道炎檢測	1.根據美國疾病管制局（CDC）建議，所有孕媽咪應做淋病檢查 2.測量子宮頸長度是目前唯一可準確預測早產並加以預防的方法 3.如果常有細菌性陰道炎，早產與晚期流產的機會將會大增	無
4.乙型鏈球菌（35～37週）	新生兒腦膜炎的元兇，致死率50%	是
5.披衣菌（35～37週）	新生兒砂眼、肺炎，孕媽咪骨盆腔炎	無

5.遺傳基因

項目	說明	健保給付
1.甲型、乙型海洋性貧血（Thalassemia）篩檢	最常見（排名第一）的胎兒基因異常疾病	是
2.脊椎肌肉萎縮症篩檢（SMA）	最嚴重（排名第二）的致死型隱性遺傳疾病（似早發性漸凍人），一生必須檢查一次，必做	無
3. X染色體脆折症篩檢（Fragile X Syndrome）	僅次於海洋性貧血及SMA，為排名第三的人類基因異常疾病	無

項目	說明	健保給付
4.先天性腎小管發育不全症（RTD）	目前為排名第四的人類基因異常疾病，用高層次超音波檢查腎臟看不出來有異常。它會導致新生兒生長遲緩，腎功能衰竭，甚至死亡，在台灣有超越X染色體脆折症，成為基因異常疾病第三名的趨勢	無
5.第一孕期（11～14週）唐氏症篩檢（頸部透明帶+鼻骨+抽血）	檢驗胎兒頸部透明帶及鼻骨，預測唐氏症及染色體基因異常（準確度80%以上）	無
6.第二孕期（16～20週）母血血清四指標唐氏症篩檢	包含神經管缺損檢測（準確度80%以上，合併早唐及中唐四指標一起做，可將準確度提高到90%以上）	無
7.NIPT（抽母血檢測胎兒染色體）及產前基因晶片（a-CGH）檢測胎兒微小基因片段缺失（microdeletion） 美國婦產科醫學會準則：在孕媽咪接受羊膜穿刺前，必須告知還有NIPT可供選擇	抽母血檢測胎兒染色體及基因異常，安全性100%，準確度99.5%，媲美抽羊水 1.全套23對染色體全部做 2.13.18.21+性染色體 3.晶片檢測微小基因片段缺失（大部分為代謝性罕見疾病） （可檢測1～數百項缺失） 4.NGS-DS為目前最經濟及準確的唐氏症篩檢方式。	無
8.B型肝炎病毒DNA定量檢測（HBsAg(+)的孕媽咪建議做）	測量孕媽咪體內B型肝炎病毒的DNA量，如果達標，可以口服抗病毒藥物	無 （抗病毒藥物健保有給付）
9.羊膜穿刺	1.為侵入性檢查 2.>35歲的高齡產婦為常規檢查 3.不適合<35歲的年輕孕媽咪，因為檢測風險高於唐氏症的罹病率	1.>35歲補助部分費用 2.<35歲需自費

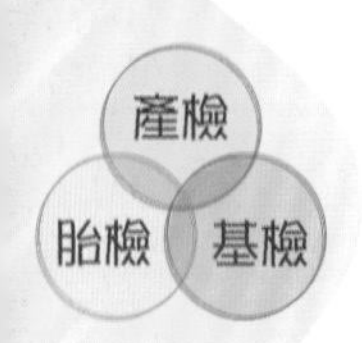

6.胎兒結構篩檢

項目	說明	健保給付
1.第1次超音波檢查	1.妊娠8週（最晚16週） 2.確定胎兒心跳、評估著床位置、胎數、胎兒大小及預產期	是
2.第一孕期胎兒結構超音波檢查（14⁺週）	1.妊娠14⁺週 2.及早檢查，及早預防異常	無
3.第2次超音波檢查	1.妊娠20週前後，一般超音波檢查 2.檢查胎數、胎兒大小測量、心跳、胎盤位置、羊水量	是
4.高層次（level II）超音波（20週）	1.妊娠20週前後，高層次超音波檢查 2.對胎兒的各個器官和各生理系統進行詳細檢查，目的在了解胎兒是否存在重大的結構缺陷（如：先天性心臟病） 3.建議要做	無
5.第3次超音波檢查	1.妊娠32週後（妊娠晚期，最晚產前） 2.確定胎兒胎位以利決定生產方式 3.檢查心跳、胎位、胎兒大小測量、胎盤位置、羊水量	是

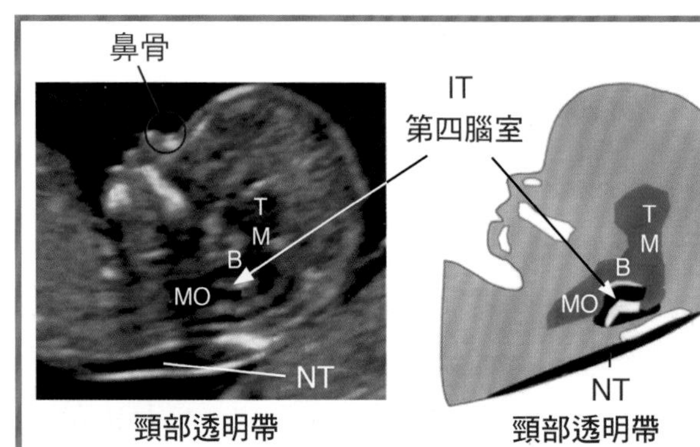

頸部透明帶　頸部透明帶

T：視丘　M：中腦　B：腦幹　MO：延髓

NT頸部透明帶：胎兒第11～14週時，超音波掃描正中矢面所見之頸部透明帶，此可早期篩檢胎兒唐氏症。

IT第四腦室：胎兒第11～14週時，超音波掃描正中矢面所見之第四腦室，此可早期篩檢胎兒神經管缺失。

有顛倒金字塔結合「產檢、胎檢、基檢」三環合一的全方位產檢幫助，把可能的出生缺陷和孕期高風險疾病及早篩查出來

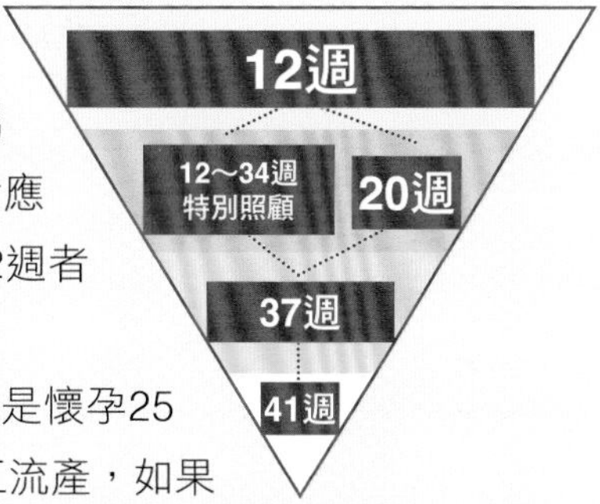

12週
12~34週
特別照顧
20週
37週
41週

我國《優生保健法施行細則》規定，人工流產應於妊娠24週內施行，但屬於醫療行為者不在此限。妊娠12週以內者應於有施行人工流產醫師之院所施行，逾12週者應於有施行人工流產醫師之醫院住院施行。

也就是說，一旦懷孕超過24週，也就是懷孕25週(含)以上，醫師就不能依其自願施行人工流產，如果此時醫師冒險替孕媽咪施行人工流產，不論孕媽咪或醫師皆屬違法。這是因為懷孕24週後胎兒已成型，存活率高，此時做人工流產等於剝奪胎兒生命權，且引產過程中若引發大出血或其他人工流產手術併發症，可能危及孕媽咪生命，但有四種情況例外：

1.胎兒無心跳。

2.胎兒染色體基因異常、先天代謝異常疾病，如：唐氏症、血紅素病變、重型海洋性貧血、黏多醣症等。

3.胎兒嚴重畸形：水腦症、無腦症、脊柱裂、尾骨腫瘤、裂腹畸形、外貌畸形等難以矯治的情況。

4.繼續懷孕將會嚴重危及母體健康。

有以上幾種特殊情況經醫生評估確認後，才能同意進行引產手術，否則不能替懷孕超過24週的孕媽咪終止妊娠。

因此，21世紀新式顛倒金字塔產檢就是要在20週以前，把有可能的出生缺陷和孕期高風險疾病篩查出來，且加以妥善治療和處理，以確保孕產的安全性。

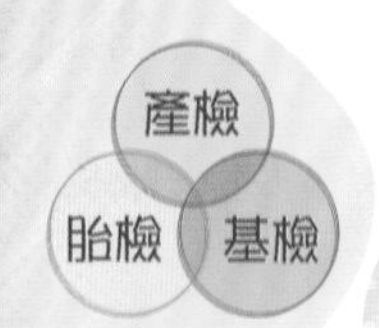

再給大家來一個總結懶人包，雖然還是有一點複雜，但為了「預防出生缺陷，孕育健康寶寶」，孕媽咪一定要仔細看哦！

孕期前

- 維生素D_3補充
- 維生素B_6補充
- 葉酸補充

週數

- ■ ABO血型
- ■ RH因數
- ■ 海洋性貧血
- ■ 德國麻疹抗體
- ■ 梅毒
- ■ 愛滋病
- ■ B型肝炎
- ■ 抹片檢查（大於30歲）
- ■ 胎兒超音波（懷孕第8～16週）
- ● 重金屬尿液檢測

- ● 抽母血檢驗胎兒染色體（NIPT）及基因晶片胎兒基因片斷缺失檢測
- ● B型肝炎病毒 DNA 定量檢測（HBsAg（+）的孕媽咪建議做）

- ● 第一孕期唐氏症篩檢（第11～14週）
- ● 頸部透明帶及胎兒鼻骨

- ● 第二孕期唐氏症篩檢（第16～20週）（二指標、四指標）
- ● 羊膜穿刺
- ● 胎兒基因晶片

DHA補充

1 2 3 4 5 6 7 8 9 10 11 12 13 14 15 16 17 18 19 20 21

1. TORCH（巨細胞病毒、弓漿蟲等）
2. 脊椎性肌肉萎縮症（SMA）
3. X脆折症
4. 先天性腎小管發育不全（RTD）
5. 早期子癲前症（妊娠毒血症）篩檢
6. 孕母血中骨化二醇（維生素D_3）檢驗
7. 葉酸代謝基因MTHFR檢測
8. 甲狀腺功能篩檢
9. 早期妊娠糖尿病篩檢
10. 早期流產偵測（子宮頸長度測量+滴蟲+培養+抹片）

- ■ 胎兒超音波（懷孕20週）
- ● 高層次超音波（含心臟都卜勒超音波）

註：

1. 流感季節（10月～3月），任何孕期的女性皆為流感疫苗接種對象。
2. 新冠肺炎（COVID-19）病毒疫苗施打。

孕媽咪產前檢測懶人包

懷孕期

產後期

● 每次懷孕第28～36週皆應接種一劑成人百日咳疫苗（包括家屬）

● 維生素D_3+鈣質補充+鎂補充

● 產後成人百日咳疫苗接種
● HPV子宮頸癌疫苗
● 流感疫苗接種
● 新冠疫苗接種

■ 糖尿病篩檢及貧血檢查
● 胰島素阻抗+血脂

■ 梅毒
● 膽酸及肝功能

■乙型鏈球菌
● 披衣菌

22 23 24 25 26 27 28 29 30 31 32 33 34 35 36 37 38 39 40 41 42 43

● 中晚期子癲前症風險暨胎盤功能檢測

胎動記錄 FMDR →

■胎兒超音波（懷孕第32週～產前）

● 胎兒健康監測 NST →

■ 健保給付檢查項目
● 建議自費檢查項目

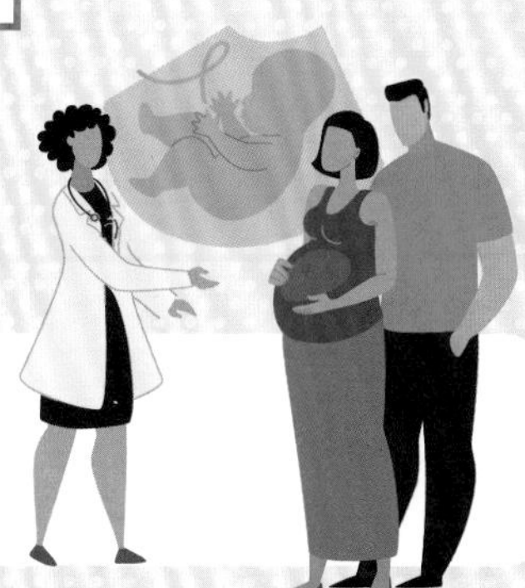

孕產婦及家屬於檢測前
應充分了解產前檢測的意義

CH2

產科醫師的第三隻眼（胎檢）——高層次超音波

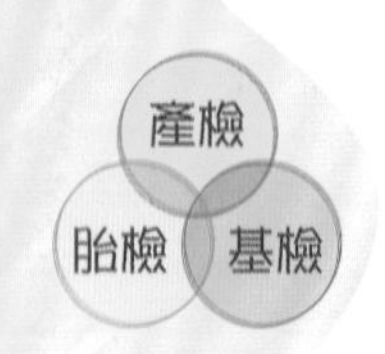

1 產檢新境界

超音波檢查是目前公認對胎兒及孕媽咪都沒有傷害性的產前檢查，且能藉此發現較重大的胎兒結構性異常。

除了胎兒結構性異常之外，也可以確認胎盤位置，因胎盤富含微血管，若碰撞或破裂易出血，超音波掃描可以及早發現胎盤位置有否前置，若是，可藉由排定剖腹產來避免因前置胎盤而出現產程大出血。

懷孕不可忽略的前置胎盤

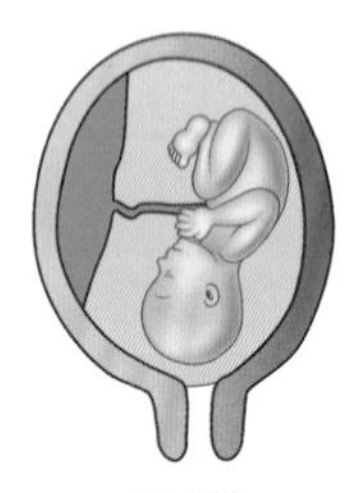
正常

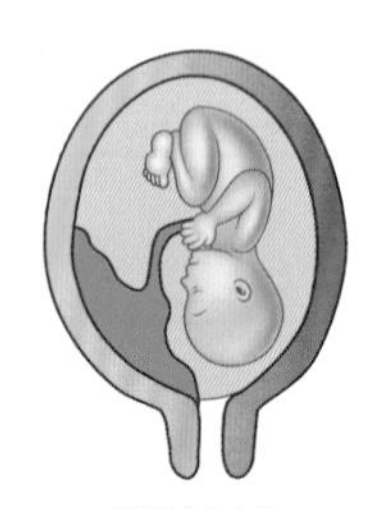
邊緣性前置胎盤

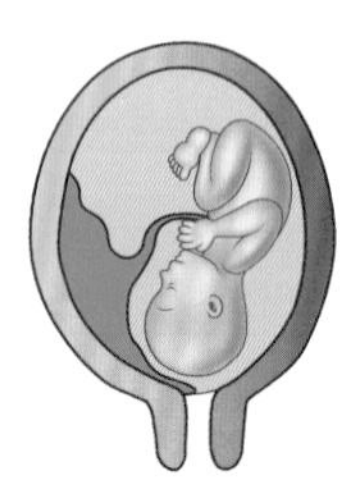
部分性前置胎盤

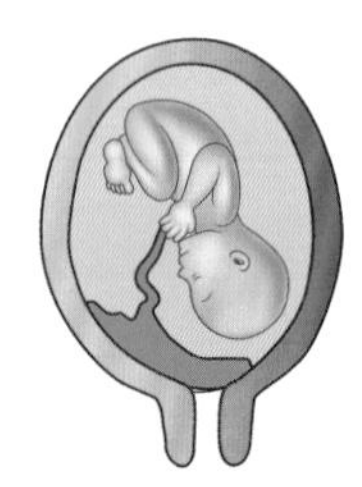
完全性前置胎盤

在懷孕第20～24週間進行的高層次超音波，可檢查胎兒的各器官結構及是否存在發育異常。這樣可預防染色體篩檢正常，卻有胎兒結構異常的情況出現。

但超音波只是一種篩檢方式，畢竟儀器檢查的敏感度及專一性皆有其限制，一般而言，檢查的敏感度（可被超音波篩檢出的胎兒異常）約可達到80%。

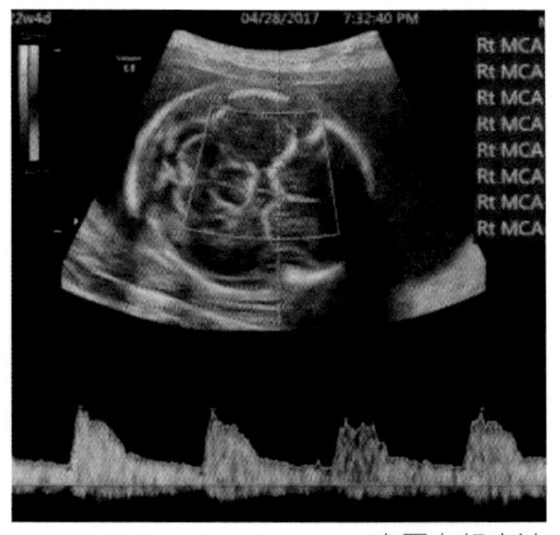

高層次超音波

超音波篩檢受限的原因

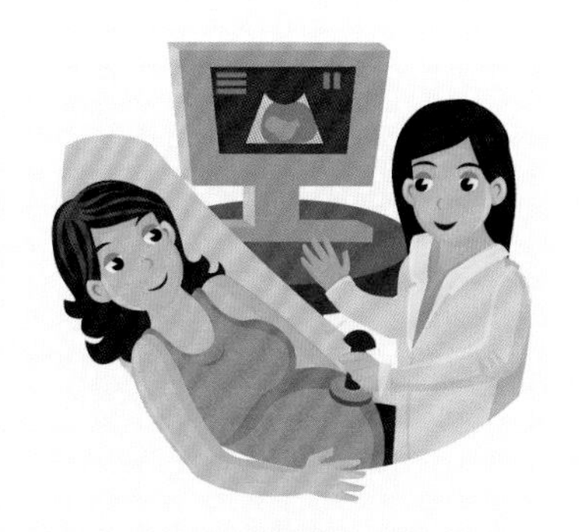

1.物理特性：超音波無法穿過頭骨，需要有水做介質來傳導，肚子脂肪較厚也會妨礙檢查，所以當羊水過少或過多、胎兒趴睡、胎兒週數較大、頭骨已鈣化，或孕媽咪腹部脂肪層較厚等情況，胎兒的細部構造就無法被清楚看見。

2.解析度：受限儀器解析的精準度，微小的胎兒缺陷無法被辨識出來。

3.不同發育階段：由於胎兒處在持續生長的過程，因此早期的篩檢雖沒問題，並不能保證出生時一定正常。例如：胎兒的十二指腸阻塞、侏儒症、水腦、唇顎裂、某些先天性心臟病，及先天性橫膈膜缺損、氣管食道瘻管、尿道下裂、隱睪症、無肛症等，常在懷孕第28週以後，甚至在出生後才顯現，因此無法在懷孕早期（第20～24週）經由超音波檢查被發現。

4.肢（指）端異常：胎兒大部分時間均為握拳，也經常翻身，處在活動狀態，甚至是呈現屈身、趴臥等姿勢，所以多指、併指、缺指、手足內翻或外翻等肢（指）端異常不易被察覺，加上這些症狀不屬於重大異常，所以不在胎兒超音波篩檢範圍內。

5.先天代謝性疾病：如黏多醣症等，即無法經由超音波在產前被診斷。

每個生命都有其存在的價值，產前診斷出胎兒異常的目的不在終止妊娠，而是盡量提供醫療協助，使每個生命皆能自然延續，並得到更好的照顧。

超音波可以看到羊水的量和胎盤的位置

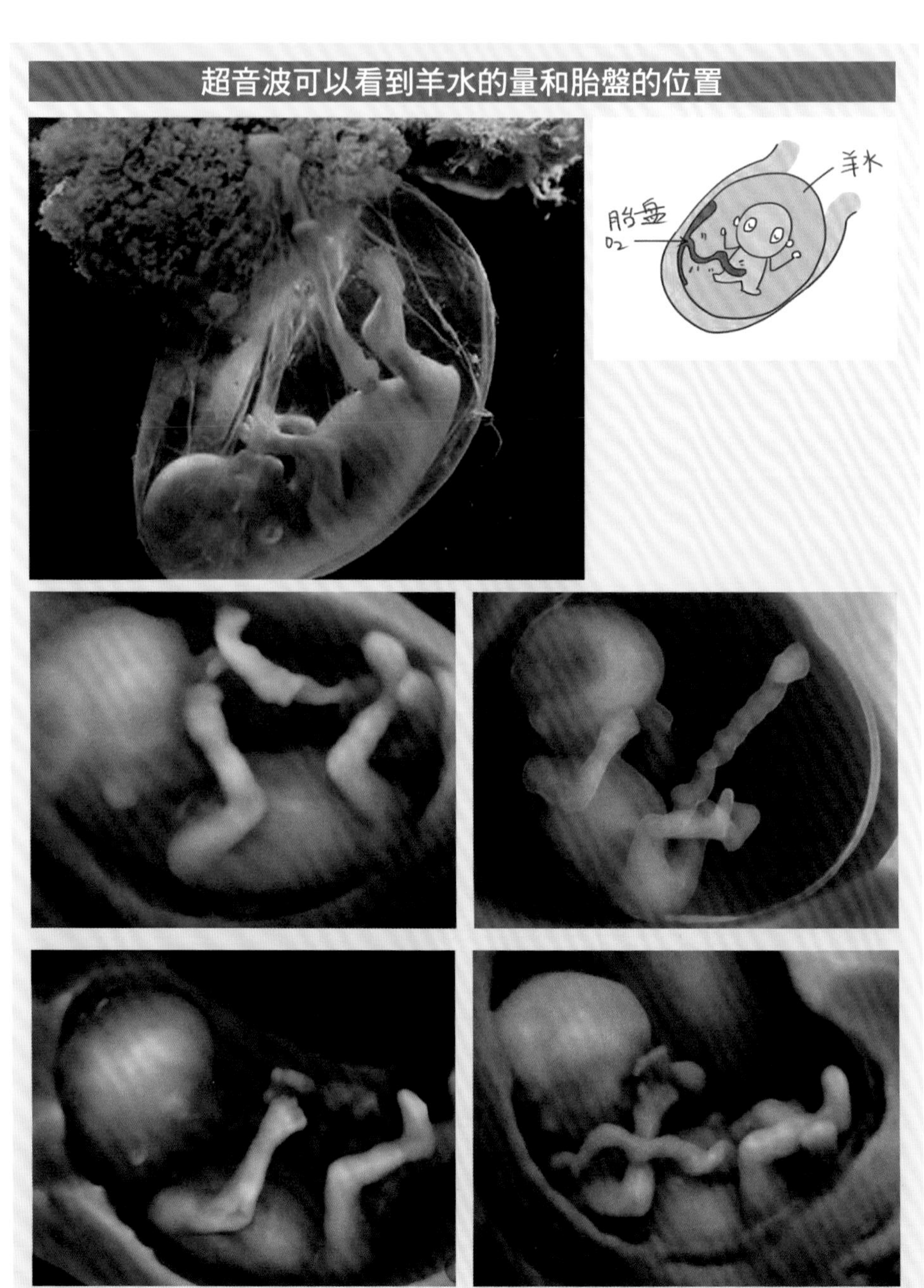

2 各式超音波比一比

超音波就是把人類的眼睛功能放大，且能透視腹中胎兒的狀況，就好比300年前，西方科學家虎克發明了顯微鏡，進一步讓人類發現了染色體和基因。

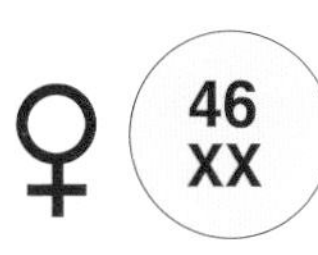

這就是胎檢和基檢的基礎。

腹部超音波

透過在腹部塗抹凝膠，使探頭能緊貼著皮膚移動，以觀測體內影像。

腹部超音波屬於非侵入性檢查，但受限於腹部脂肪層、肌肉層與結締組織的干擾，加上懷孕初期，尤其是懷孕5週前羊水尚未生成，少了羊水做為介質，較無法精細確認胚胎的狀況，因此就必須就近從陰道做超音波檢查，才能看得更清楚。

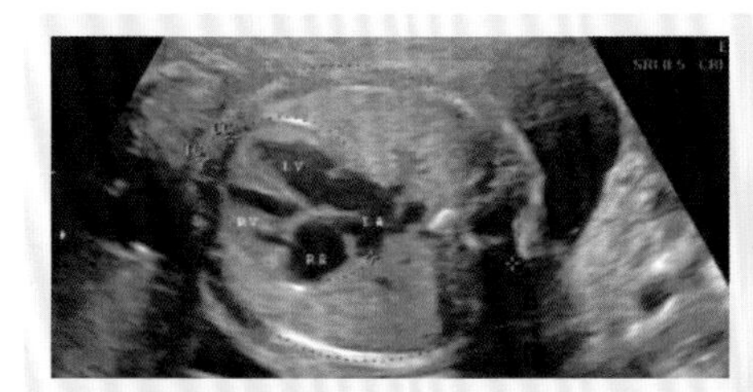

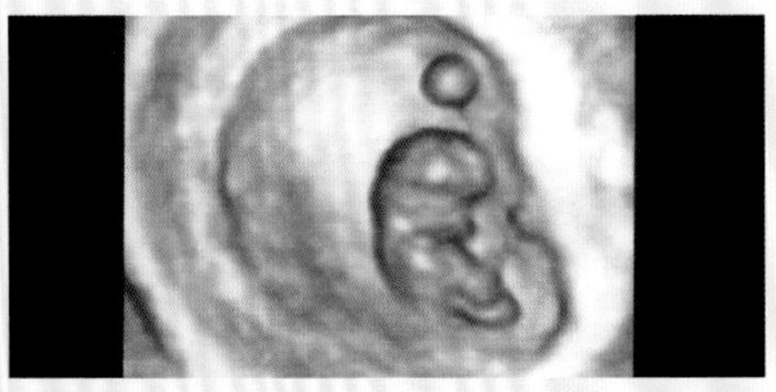

陰道超音波

1980年代，陰道超音波的發明使胎兒心跳提早在懷孕第5～6週就能被看/聽到，也可用來辨別子宮外孕和是否為萎縮性胚囊（即俗稱的「空包彈」）。

陰道超音波的探頭較腹部超音波細長，使用前須先套上保險套，再塗抹凝膠，以深入體內觀察子宮內部細節。

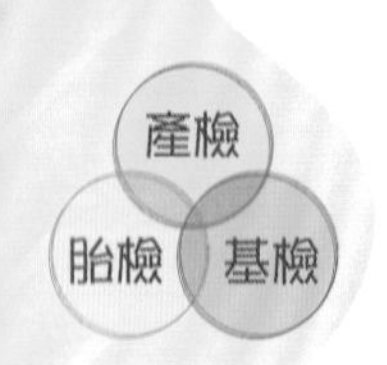

陰道超音波可觀察子宮內胚囊，因其音波頻率較高、觸及較深（可深入陰道至子宮頸），能協助醫師在懷孕初期了解卵巢、子宮腔內異狀或是否為子宮外孕。

陰道超音波在6週左右即可觀察到胎兒心跳，腹部超音波須等到8週以後才能較為清楚地觀察到。

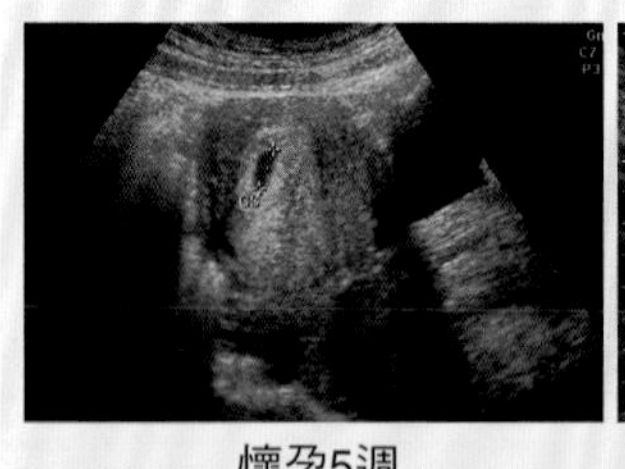
懷孕5週

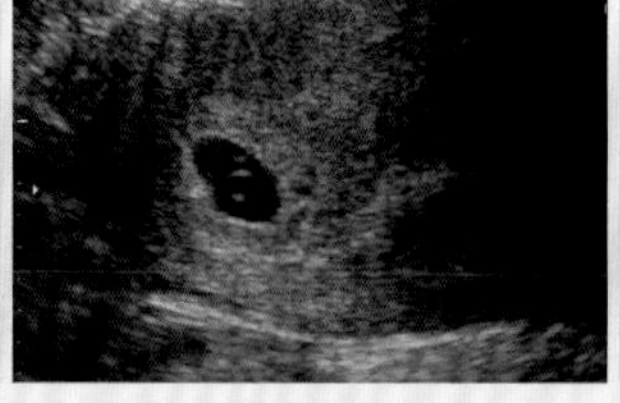
懷孕6週

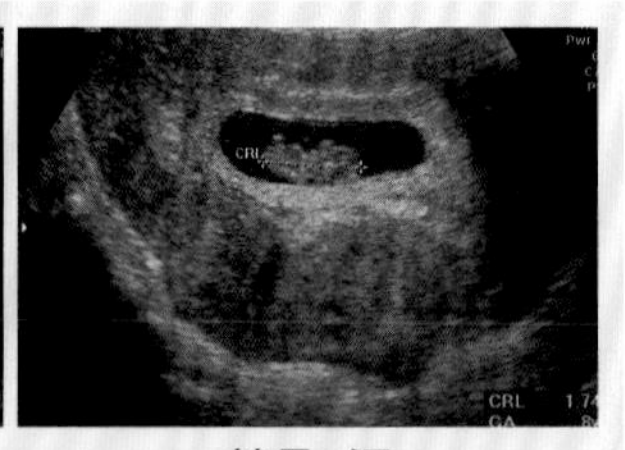
懷孕8週

懷孕週數

5週

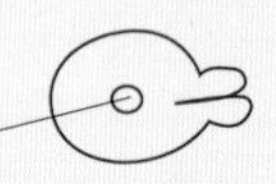

6週

看妊娠囊有無正常長大
發孕媽咪手冊

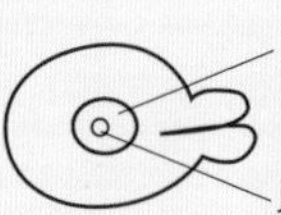

陰道超音波

8週
（2個月）

看胎兒心跳
確定預產期

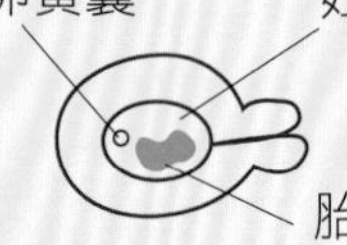

註：測量胎兒的長度（頭臀徑，CRL）可以準確地算出胎兒週數和預產期。

腹部超音波
（肚皮超音波）

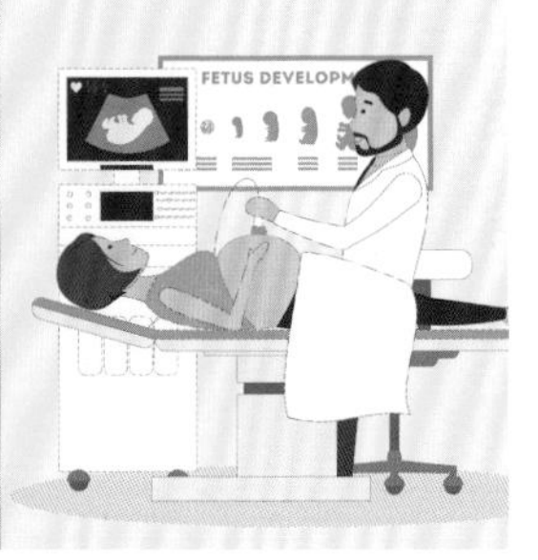

12週
（3個月）

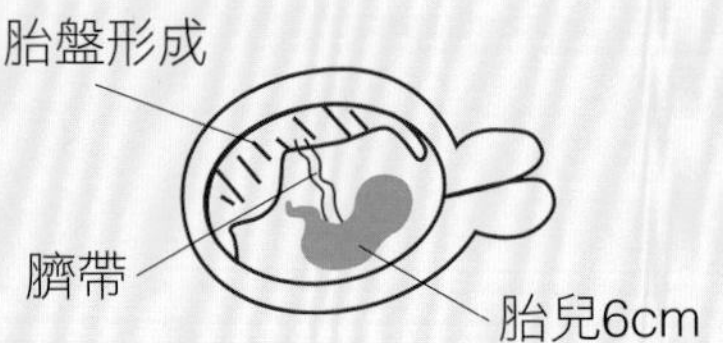

2D、3D、4D超音波

2D 平面影像

3D 將多重2D影像重整，在短時間內合成立體影像，胎兒的外觀在螢幕上為靜態相片。

4D 等級較好的超音波儀器，以更快的成像技術讓胎兒以動態活動方式呈現，可記錄及錄影保留

2D、3D、4D皆可於同一台儀器上操作，臨床上，2D能提供較多的觀察數據幫助診斷，而3D、4D立體超音波對於體積的計算、影像儲存或細微器官的顯現有幫助，但主要仍為輔助診斷之用。

2D影像雖可幫助醫師進行診斷，但在與孕媽咪溝通或解釋時，若借助3D或4D，可讓孕媽咪更容易理解所見影像，例如以胎兒兔唇為例，醫師透過2D足可做出判斷，但孕媽咪卻無法具體想像，此時若透過3D影像重整後所顯現的立體畫面，就可協助醫師做進一步解釋，讓準爸媽了解胎兒唇裂的大致情形。（參考P.14圖片）

3D立體超音波

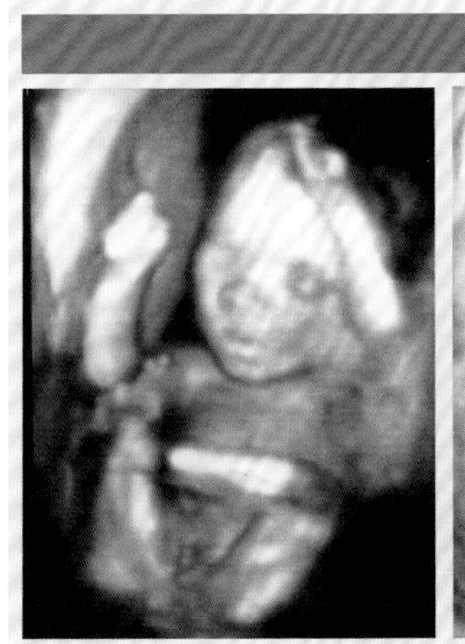

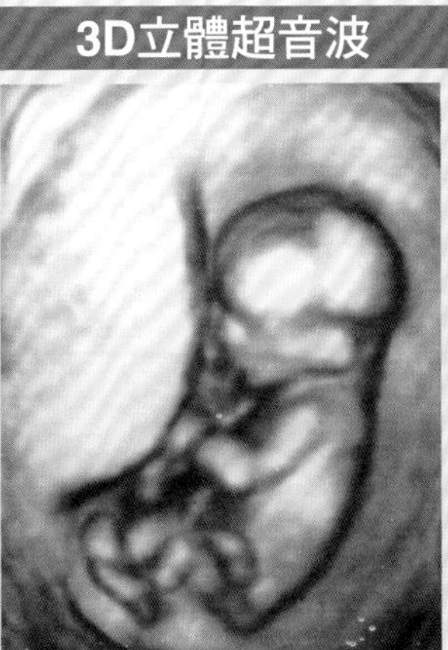

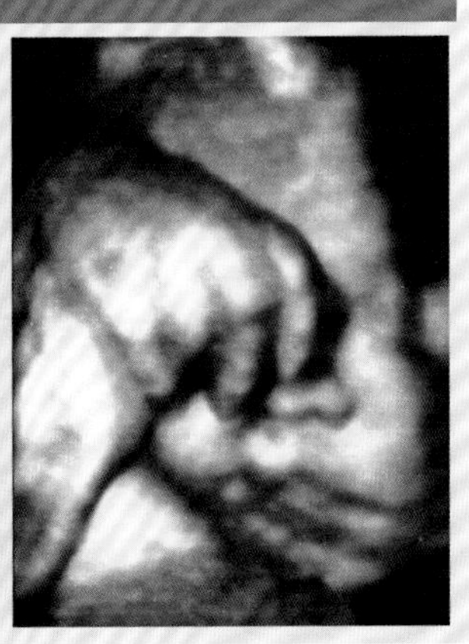

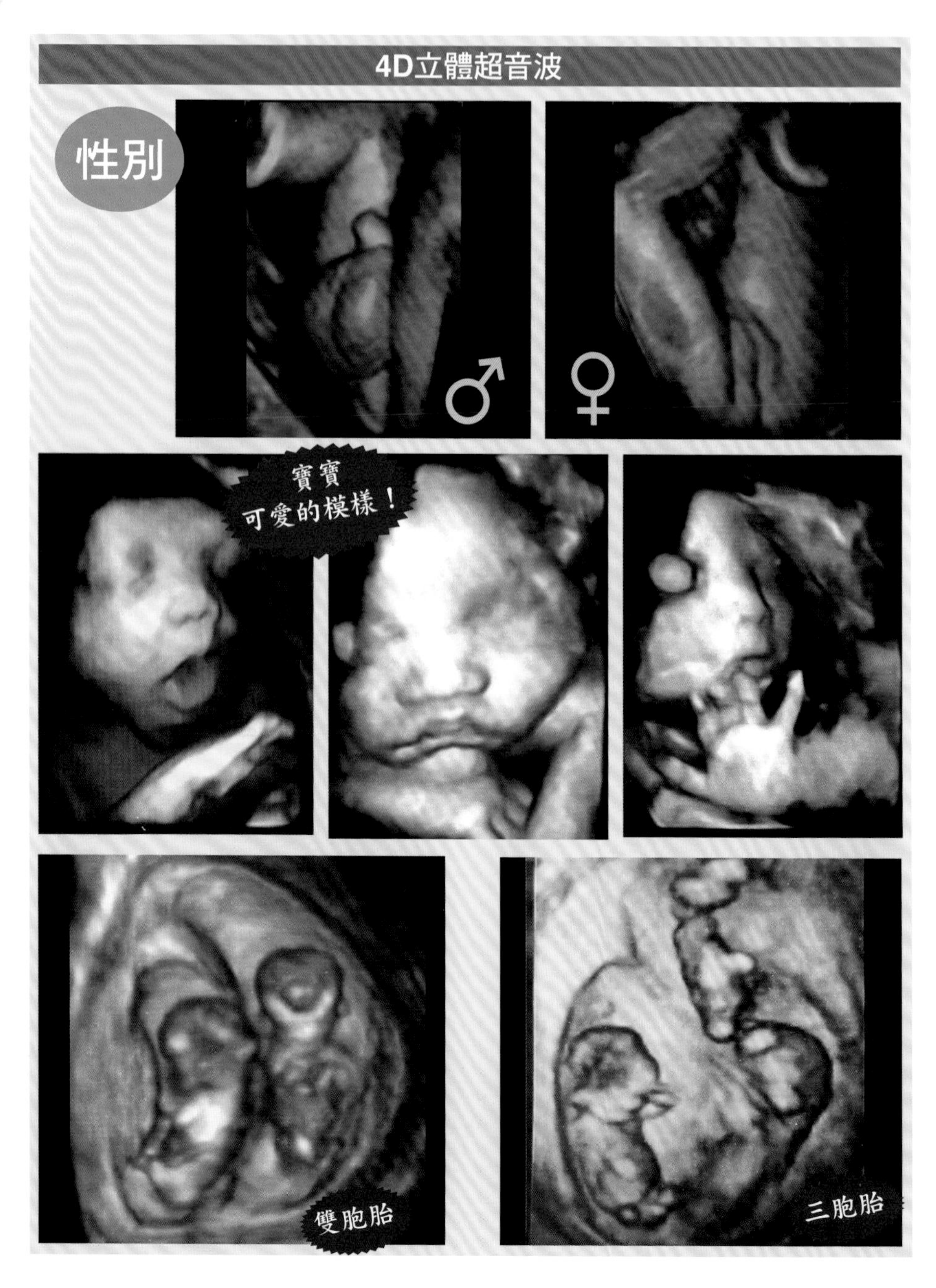
4D立體超音波
性別
♂
♀
寶寶
可愛的模樣！
雙胞胎
三胞胎

4D立體超音波記錄

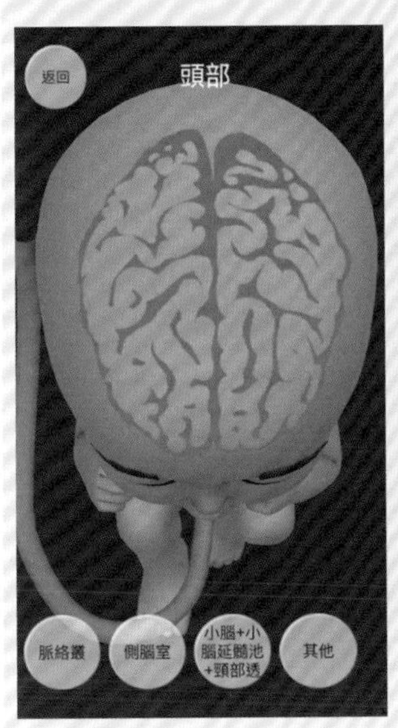
返回
頭部
脈絡叢
側腦室
小腦+小
腦延髓池
+頸部透
其他

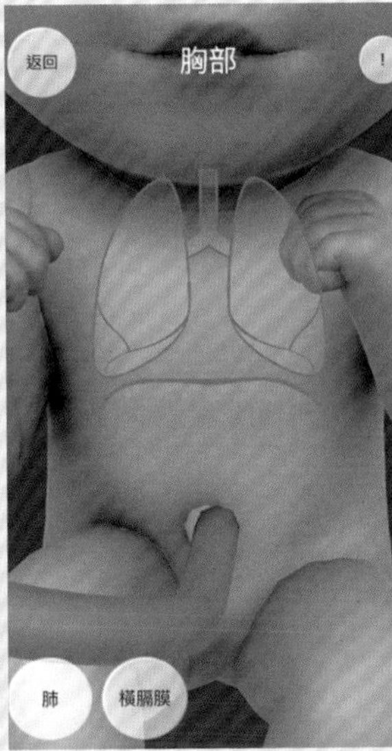
返回
胸部
!
肺
橫膈膜

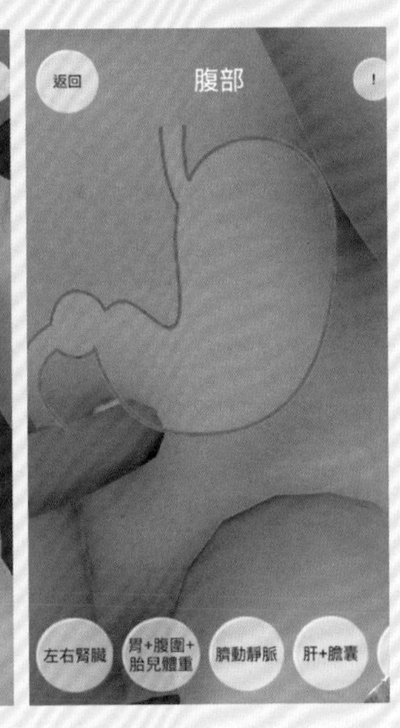
返回
腹部
!
左右腎臟
胃+腹圍+
胎兒體重
臍動靜脈
肝+膽囊

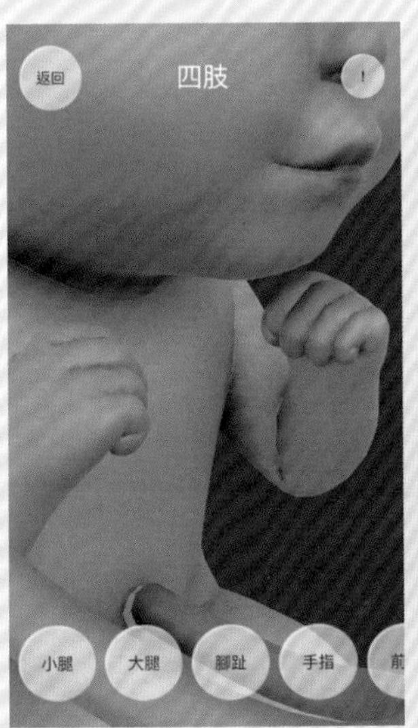
返回
四肢
!
小腿
大腿
腳趾
手指

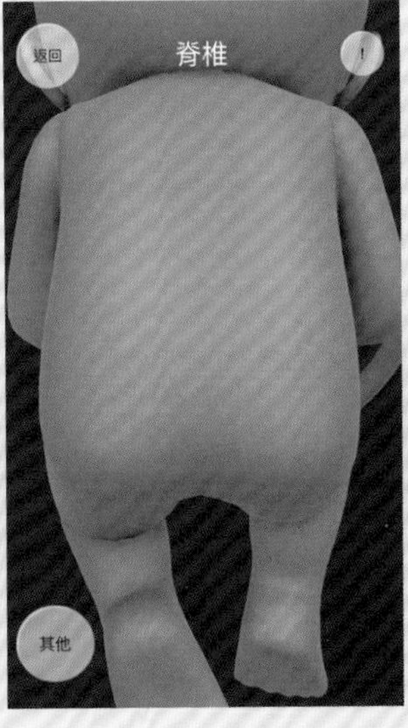
返回
脊椎
!
其他

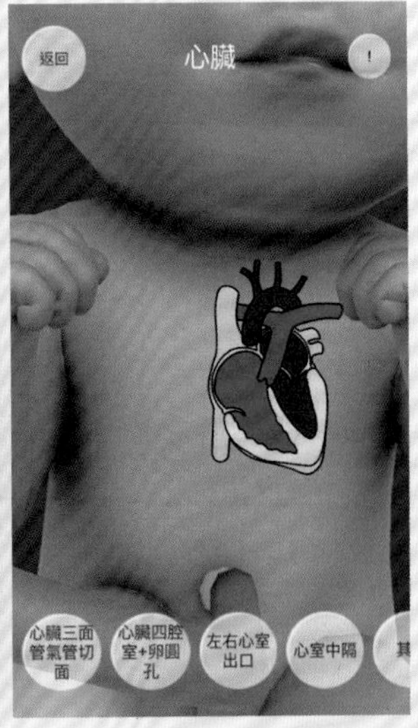
返回
心臟
!
心臟三面
管氣管切
面
心臟四腔
室+卵圓
孔
左右心室
出口
心室中隔

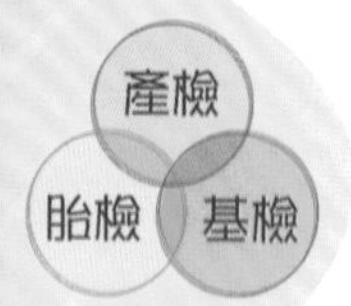

彩色都卜勒超音波

利用測量血流速，並將不同流速的血流以不同顏色呈現在2D影像上，其用途除了可觀察胎兒血流方向是否正常、有無先天性心臟病，也可預估是否有缺氧等情形。

自費產檢項目中的胎兒心臟超音波即是透過都卜勒超音波儀器進行觀察，藉由觀察胎兒臍帶的血流與血管阻力，確認輸送給胎兒的養分是否充足，以了解胎兒的生長情形，同時也可評估胎盤功能是否良好。

建議於孕期28～30週左右進行檢測。

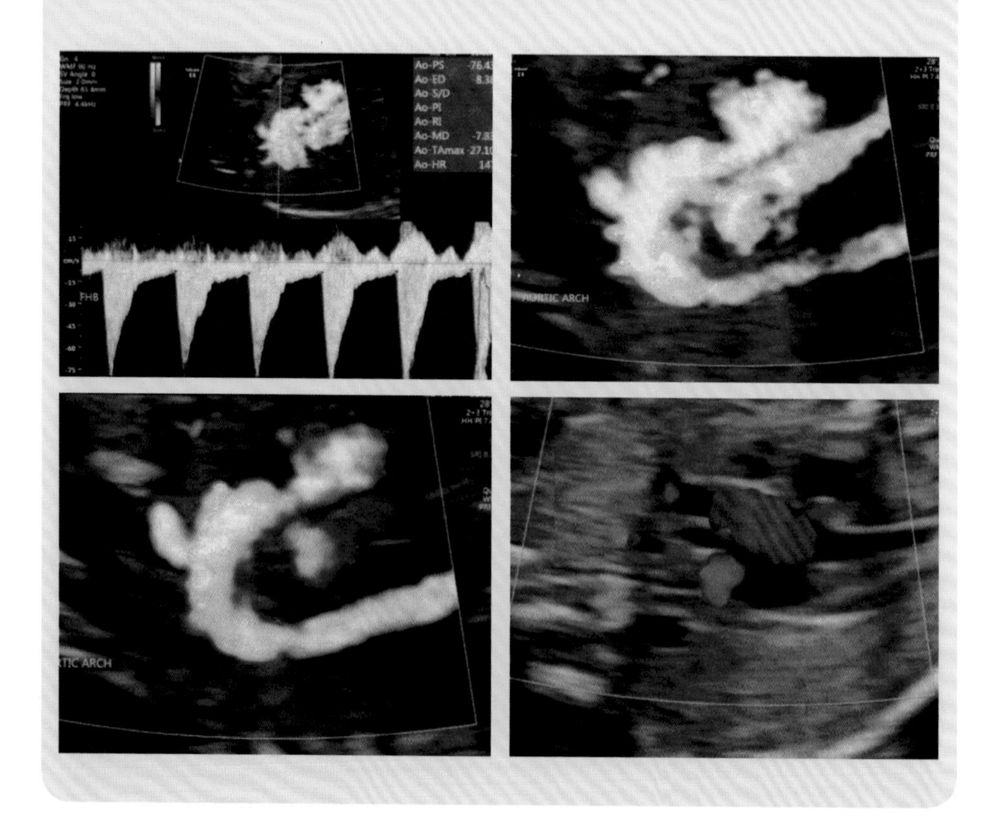

高層次超音波

產檢時照超音波一般屬於基本檢查，包含測量胎兒頭圍、肚圍、估計胎兒重量、確認心跳，及有無臨床上的特殊狀況或水腫，而高層次超音波則為自費檢查，是針對胎兒是否畸型所做的較精細檢查，可詳細看出胎兒各器官的構造、腦部結構、外觀，或觀察胎兒是否有先天性心臟病等。

依照胎兒的配合度，檢查時間約20～50分鐘不等，有時甚至需要2～3個小時；建議可與產檢醫師討論後再決定是否需要做這項檢查。

高層次超音波

高層次超音波檢查是**由腹部超音波進行多項胎兒細部檢查**，以診斷是否有先天畸形或發育異常，檢出率約為90%。

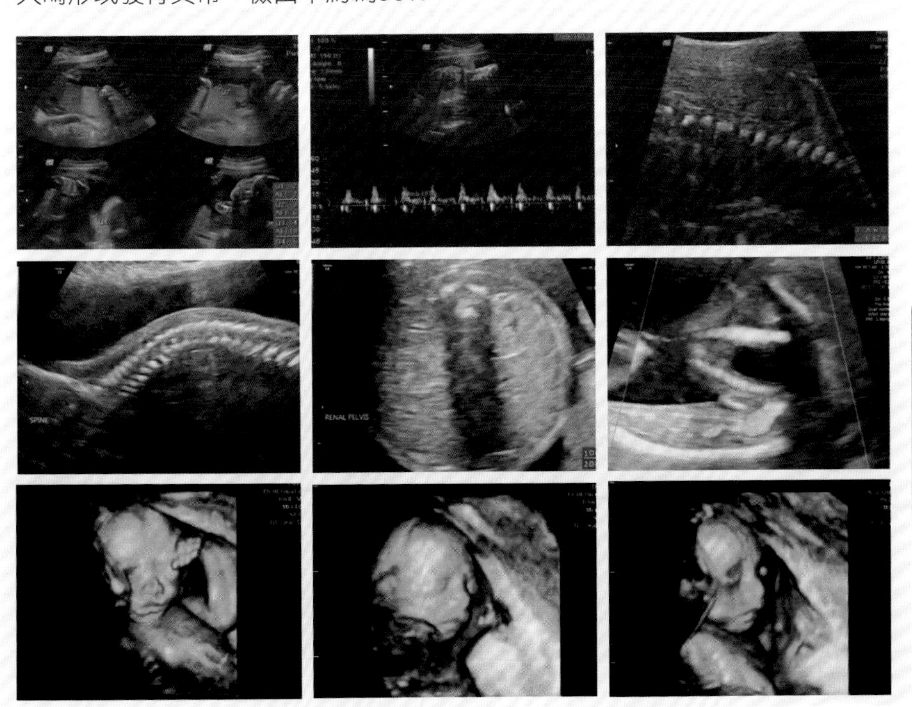

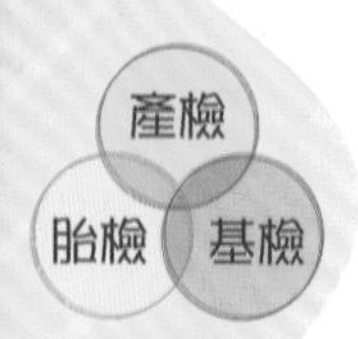

手指異常

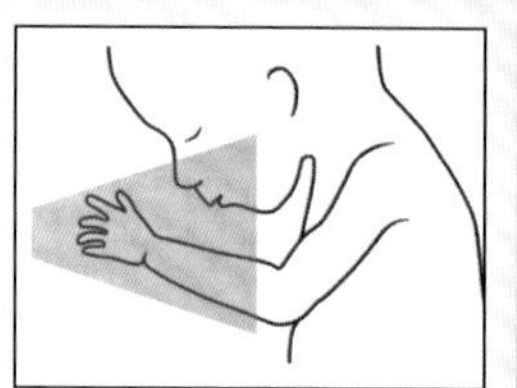

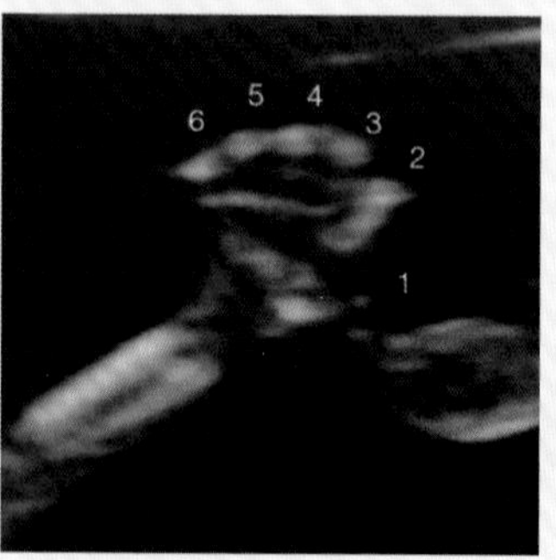

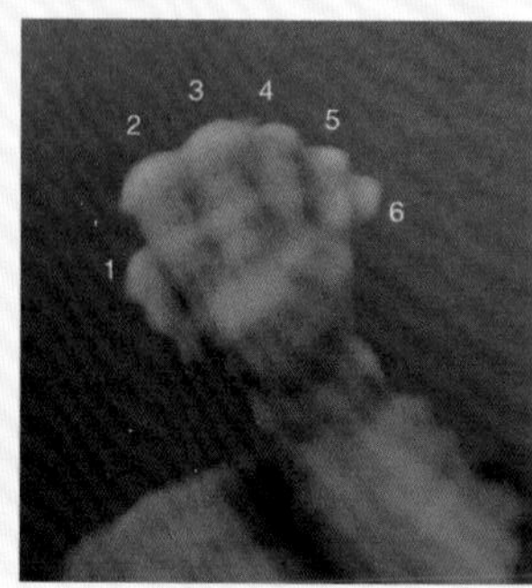

何時該做超音波檢查？

在孕期14次產檢中，目前健保給付3次超音波基本檢查，其餘視各醫療院所的規定有不同的收費標準。

一個健康的孕媽咪整個孕期至少要安排5次以上的超音波檢查：

1.懷孕初期，確認胚胎是否在子宮腔內，沒有子宮外孕或子宮內外懷孕的可能性。

2.第8週（2個月）前確認胚胎著床位置、胎兒的長度、心跳、及預產期等。

3.第11～13週（3個月），確認胎盤形成的位置，這時可做胎兒頸部透明帶檢查，此為早期唐氏症篩檢項目之一。

4.第20週做1次高層次超音波檢查（或健保給付基本檢查），詳細察看胎兒的各器官構造。

5.第35週後再做1次詳細超音波檢查，確認胎位、胎兒體重或胎盤是否前置等情況，以評估適當的生產方式。

基本上，目前台灣幾乎所有的醫院診所診間都配備有超音波設備，且大部分在每次產檢時都會提供超音波篩查哦！

哪些人需要做高層次超音波檢查？

1.家族中曾生產過畸形兒

2.母血胎兒A型球蛋白過低或過高

3.羊水量異常

4.生產過異常胎兒

5.產前胎兒健康監測異常

6.孕媽咪罹患糖尿病

7.子宮內胎兒生長遲滯

8.足月時胎位異常

9.一般產檢時懷疑胎兒異常

10.懷孕期曾接觸致畸胎藥物

11.雖未有異常，但基於孕媽咪或孕媽咪親屬的疑慮或要求

基本上，如果沒有經濟上的顧慮，建議所有的孕媽咪都應該做！

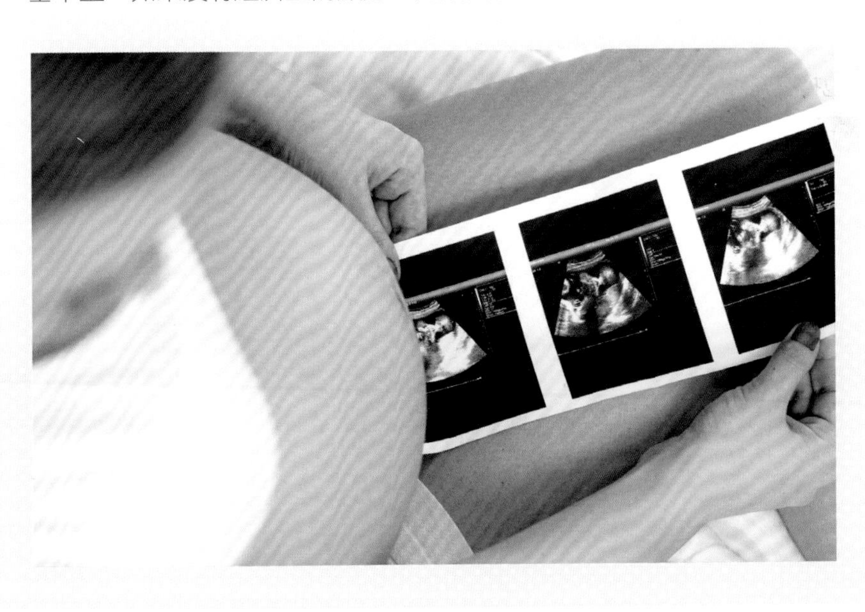

3 超音波篩檢結果解讀重點看過來！

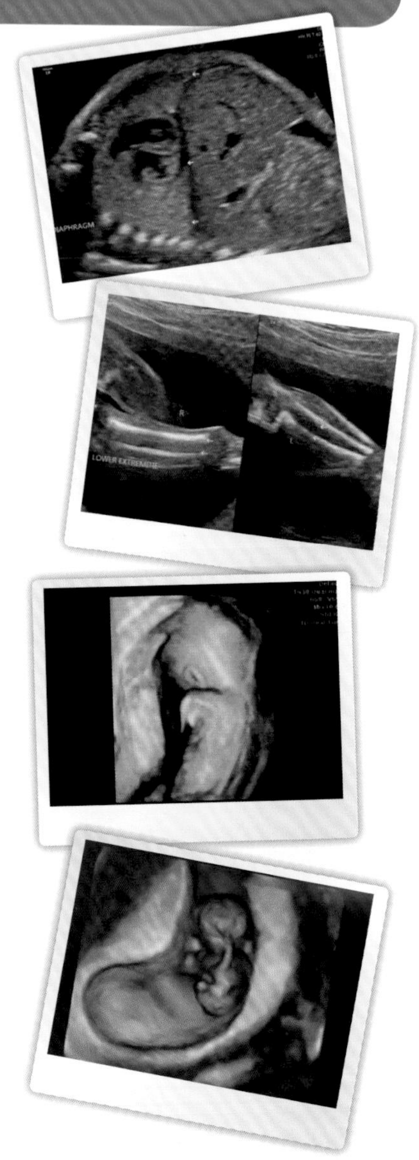

1.頭雙頂骨徑（BPD）：測量胎兒頭部左右兩側的最大徑（外緣到內緣），為測量胎兒大小的指標，也可用來評估胎兒第二、三孕期的大小，若不符合週數大小，須進一步做鑑別診斷，包括妊娠週數或其他異常狀況。

2.大腿骨長度（FL）：測量胎兒大腿骨長度，跟BPD一樣可用來評估第二、三孕期胎兒的大小或週數，若大腿骨長度不符合週數，須進一步做鑑別診斷，包括妊娠週數或其他異常狀況。

3.腹圍（AC）：測量胎兒腹圍，評估胎兒大小與生長發育情形；常與其他參數（胎兒頭部雙頂徑，BPD）合併用以估算胎兒體重。

4.監測胎盤相對於子宮頸內口的位置：如果過於靠近或直接覆蓋在子宮頸內口，有可能為前置胎盤，這會阻礙胎兒進入產道，也是產前出血的重要原因之一，檢測結果可用於評估是否該進行剖腹產。

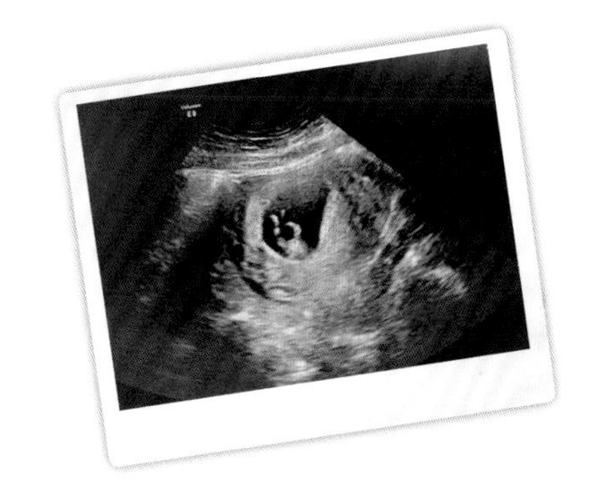

5.多胞胎確認：多胞胎常有較多的妊娠併發症，應及早確認以便安排適當的產檢。

6.評估羊水量：羊水量是胎兒異常或生長不良的重要指標，過多或過少常與胎兒的不良預後有關。

如有以下情形，需另再做一次超音波檢查，並將原因記載在病歷中：

CH3

幫寶寶贏在生命的起跑線（基檢）——染色體及基因檢查

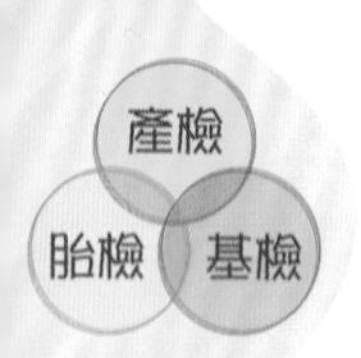

近代以來，基因科技的快速進展使胎兒遺傳診斷更為精準。從傳統染色體（Chromosome）分析、基因晶片（Array-CGH）分析、疾病基因套組、胎兒全外顯子定序（whole exome sequencing, WES），到全基因體定序（Whole genome sequencing, WGS）的應用，將以往認為不明原因的出生缺陷，現在可以確切地檢查出來。

且隨著檢測技術漸趨成熟，次世代定序技術普及化，NIPT可直接藉由抽取少量母血，即可檢測得知胎兒是否有染色體及基因的異常，目前可準確篩檢出的疾病包括：

- **三倍體異常：如唐氏症、愛德華氏症、巴陶氏症**
- **性染色體異常：如透納氏症、克氏症候群**
- **微小基因片段缺失疾病：如狄喬治氏症**

其中，唐氏症、愛德華氏症、巴陶氏症的檢出率高達99%以上，唐氏症篩檢的偽陽性率也大幅降低，有效提升唐氏症臨床篩檢效益。

NIPT搭配高解析度超音波，除可檢測染色體異常疾病（基檢），同時可了解胎兒在發育過程中器官構造是否正常（胎檢），若有異常情況，早期發現可提供胎兒有效治療，預防出生缺陷，孕育健康寶寶。

1 染色體及基因的基本認識

染色體是組成人類的基本物質，染色體上的小點點就是基因。

基因是決定膚色、髮色的唯一因素，身高則為多因子遺傳。影響身高的因素很多，基因是其中一項，後天的營養（補充D_3鈣片、液態鈣、喝牛奶），及運動、曬太陽等也會影響身高；兔唇也是多因子遺傳，除了基因，環境因素也可能造成影響，例如在懷孕期間感染病毒，或接觸X射線、微波，以及環境污染、缺氧等，都可能造成遺傳基因突變，導致如唇顎裂等胎兒畸形。

為了防止基因缺陷，基因晶片檢查可做診斷的基因定序，目前已經可以做人類的全基因解碼。基因檢查可針對單點核酸（SNP），即所謂的PCR，或以基因晶片（a-CGH）、基因定序（NGS）等方式進行篩查。

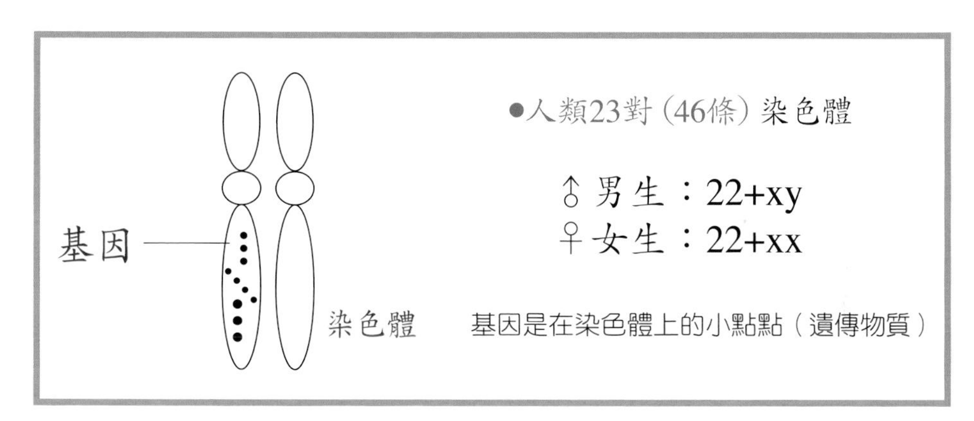

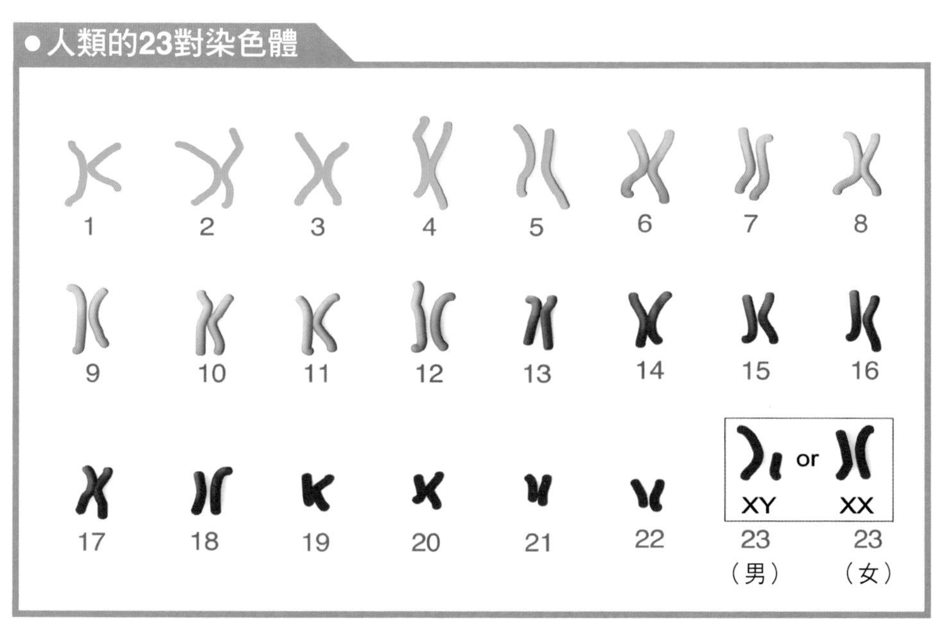

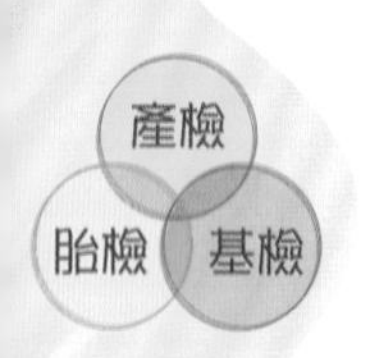

2 一針見真章！——羊膜穿刺

羊膜穿刺是利用胎兒脫落在羊水裡的細胞進行染色體及基因檢測，以達到早期診斷的目的，主要是針對唐氏症等先天性遺傳疾病和單基因遺傳疾病的基因分析。對於脊椎性肌肉萎縮症（SMA）、腎上腺腦白質失養症（ALD）（俗稱「羅倫佐的油」）、小腦萎縮症等疾病檢測的準確度可達95%。

羊膜穿刺的篩檢時間約在懷孕第15～20週之間。

隨著醫學科技的進步，現在不但可以利用羊水檢查胎兒的23對染色體，也可以利用羊水取得胎兒的DNA進行基因晶片檢測（基檢），對於預防出生缺陷，孕育健康寶寶有了更進一步的保障。

羊膜穿刺（抽羊水）

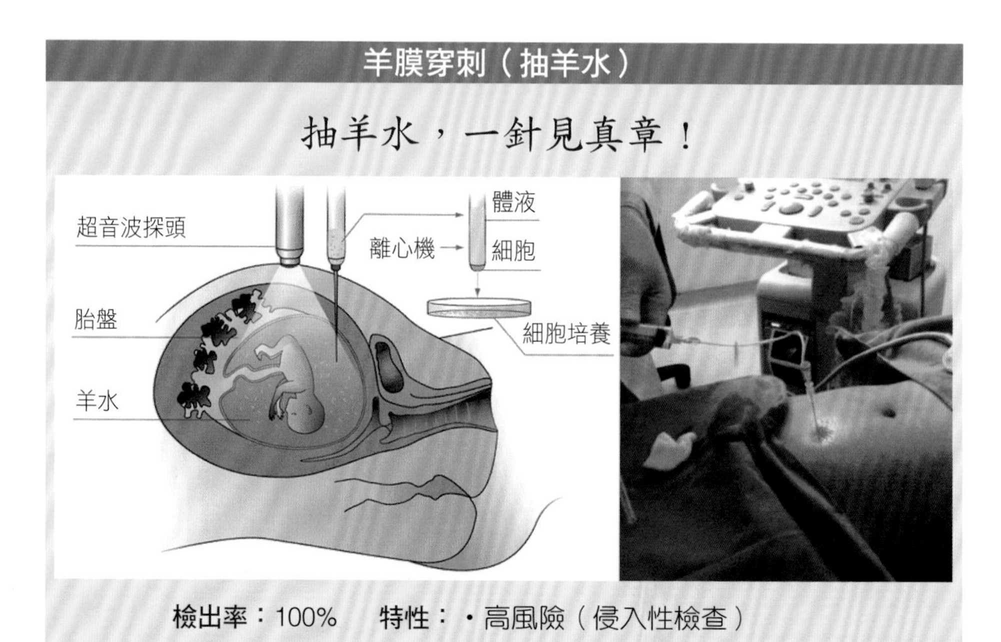

檢出率：100%　**特性**：・高風險（侵入性檢查）
・流產的風險為1/2000
・準確度高

3 更安全的篩檢方式——NIPT（無創抽母血胎兒染色體檢查）

早期，要檢查胎兒是否罹患唐氏症，大多採羊膜穿刺的方式，但此法為侵入性檢查，伴有流產的風險；後期發展出非侵入性的「無創抽母血胎兒染色體檢查」（Non-Invasive Prenatal Test，簡稱NIPT），只要抽取孕媽咪血液就可以檢查，提供母胎更安全的篩檢方式，為目前最新、最安全的胎兒染色體篩檢技術。

孕媽咪懷孕10週後，會有一部分的胎兒小片段（細胞游離）DNA（ffDNA）經由臍帶、胎盤流到母體的血液裡，母體就有足量的ffDNA（可達10%以上），這時抽取母血，離心後取血清的部分，並利用新一代高通量DNA定序技術，將胎兒小片段DNA放大，再透過生物資訊學分析，就可在產前得知胎兒是否罹患常見的染色體異常疾病。

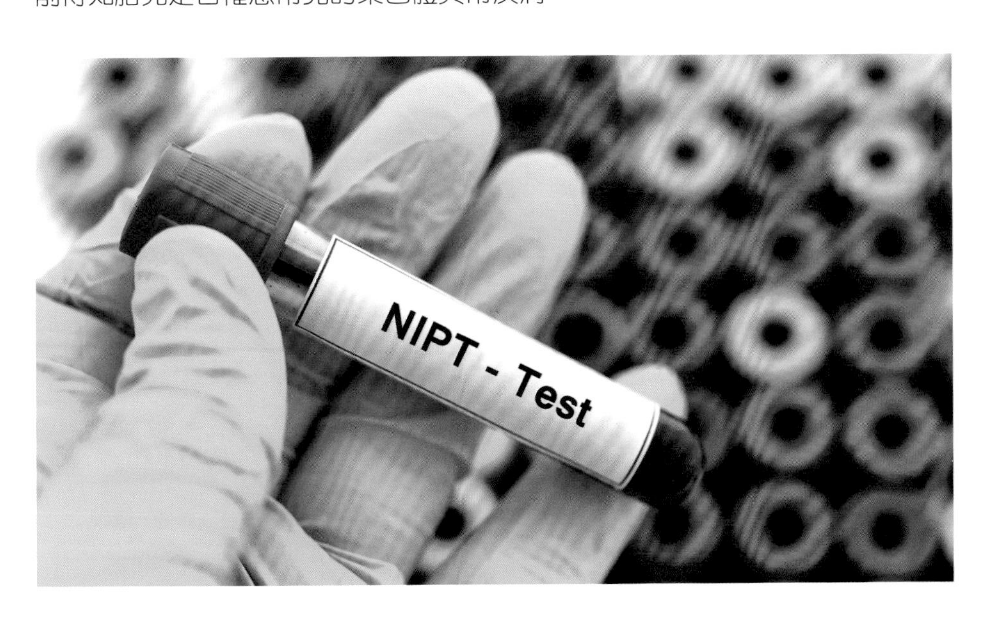

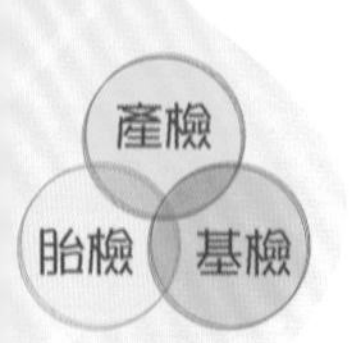

貼心小提醒：

1. 高齡產婦（指生產時35歲、懷孕時滿34歲以上的孕媽咪）目前政府都有補助做羊膜穿刺檢查。
2. 年齡小於35歲的年輕孕媽咪不適合做羊膜穿刺檢查，因為抽羊水的風險高於唐氏症的罹病率，因此，NIPT無疑就是年輕孕媽咪的福音。
3. 從過去超音波頸部透明帶（NT）的測量，現如今已進展到無創抽母血胎兒染色體檢查（NIPT），從NT→NIPT，這項創世紀的進步可說是廣大年輕（<35歲）孕媽咪的偉大福音。
4. 高齡產婦（>35歲）基本上都會接受羊膜穿刺術檢查，因此目前台灣每年僅有20多例的唐氏兒，且都是年齡<35歲的年輕孕媽咪所生（全面篩檢前，台灣一年要產下500～600例的唐氏兒），使得年輕孕媽咪反而成為產下唐氏兒的高風險族群，這無疑是個危險訊號，因此，年輕孕媽咪接受NIPT檢查就顯得非常重要。

孕媽咪做NIPT及基因晶片檢查，不必經羊膜穿刺抽羊水，直接抽母血就可以檢測胎兒第13、18、21對染色體是否正常，且可進一步利用基因晶片檢測代謝性基因異常疾病，準確度高達99%以上，美國婦產科醫學會已在2012年12月核准此項篩檢，提供孕媽咪更安全的產檢選擇。

4 精準醫學分析——基因晶片檢測（Array-CGH）

我們已經知道染色體是組成人類生物體的基本物質，染色體上的小點點就是基因，基因的基本構造就是DNA，或稱為DNA序列。

基因檢測（Genetic Test）就是從染色體結構、DNA序列、DNA變異位點的表現來檢測有無異常的精準醫學分析。

過去，我們熟知的胎兒染色體分析是利用胎兒的細胞培養染色體，在光學顯微鏡下用肉眼觀察每個細胞的染色體數目或結構有否異常。這種傳統的檢查方式只能看到5Mb以上的染色體結構異常，低於5Mb的基因體異常及微小基因片段缺失就無法被檢查出來，因此就有了基因檢測的發展，可以針對單點核酸（SNP），即所謂的PCR（Polymerase Chain Reaction，多聚酶鏈式反應）或基因晶片（a-CGH）及基因定序（NGS）等方式進行篩檢。

基因晶片檢測（Array-CGH）又稱為染色體晶片分析，即利用大量的DNA片段以矩陣方式排列在玻片上（此玻片即為基因晶片），這種DNA片段稱之為基因探針，可以專一地偵測特定的基因位置，當基因晶片上的基因探針愈多，可偵測的位置就愈多，基因體晶片技術主要用於偵測全基因體的基因是增加還是減少，是全基因體的定量分析（a-CGH，Array Comparative Genomic Hybridization），簡稱為基因晶片檢測，它可以解決傳統染色體分析看不到的細微異常，也就是可以偵測到微小基因片段缺失。

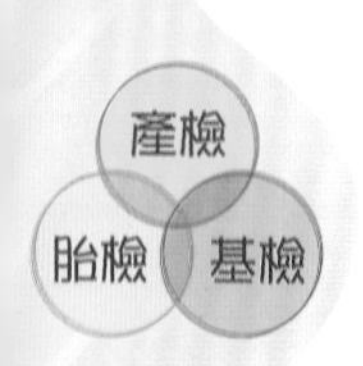

因此，我們可以將基因晶片檢測（a-CGH）稱之為「高階染色體基因體晶片分析技術」，它可以將以前不明原因的先天異常新生兒，如智能障礙、發展遲緩、先天性多重異常或自閉症等疾病的診斷從3%提升到15%～20%。由於它可以看到染色體上更多細微的變化，讓產前檢查的安全性邁向一個更新的里程碑。

可檢測出約300種微小染色體片段缺失或重複所導致的先天異常

傳統胎兒羊水染色體顯微鏡檢查，能看到染色體數目異常，如唐氏症（3條21號染色體），及5Mb以上的染色體結構異常，如不平衡性染色體轉位。但根據統計，傳統細胞染色體分析結果及超音波檢查皆正常的孕媽咪，仍有1.7%的機率生下智能障礙、發育遲緩、外觀肢體異常或自閉症寶寶，這大多肇因於微小片段（小於5 Mb）的染色體異常。

基因晶片檢測（a-CGH）即是利用等量之受試者與正常對照組之DNA與晶片上之探針做雜交，偵測23對染色體上重要致病基因區域的基因量有無增減，目前可檢測出約300種微小染色體片段缺失或重複所導致的先天異常，如貓哭症、狄喬治氏症、安裘曼氏症（天使症）、威廉氏症等。

- 合併羊水檢查，目前可檢測出300種以上疾病
- 合併NIPT檢查，目前可檢測出10～100種疾病

基因晶片檢測並不侷限超過35歲以上的高齡孕媽咪，對於有產前超音波檢查異常、重覆流產、死胎的孕媽咪，利用基因晶片對羊水或流產物進行檢測，也可進一步找出原因。

但基因晶片檢測仍有其限制，包括染色體平衡性逆位、平衡性轉位、所有的組織鑲嵌體、單基因疾病、點突變及某些種類的染色體構造異常等仍無

法偵測，因此仍須搭配其他檢查，如傳統染色體分析及臨床醫師的判斷，才可避免漏診。

a-CGH除可偵測胎兒先天代謝基因異常疾病，也可選擇特定器官異常疾病做特定的基因篩檢。

針對母血唐氏症篩檢準確率，更可媲美抽羊水檢測哦！

檢出率：>99% 趨近100%

安全性：無風險；高準確度

提高先天異常的檢出率

a-CGH用於檢測微小基因片段缺失，大部分屬於代謝性罕見疾病，藉由晶片上數以萬計的DNA探針進行全基因組的遺傳分析，相較於傳統的染色體檢查，解析度向上提升了數百倍，篩檢範圍更為擴大，目前的檢測技術可篩檢出萬種以上的罕見疾病。

傳統的染色體及基因檢查主要是偵測染色體數目異常及染色體大片段

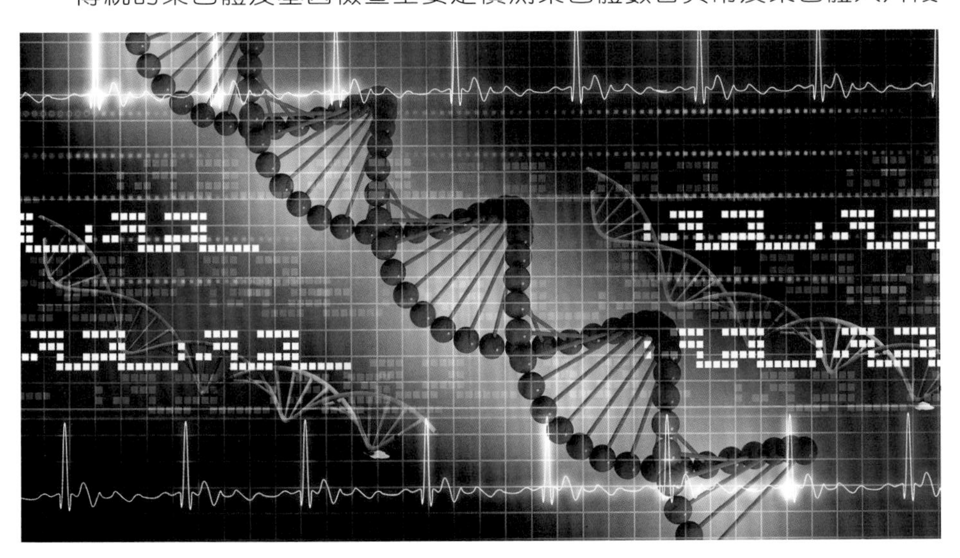

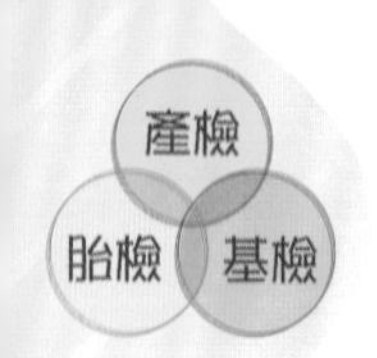

構造異常，受限於傳統染色體檢查的解析度，對於單一基因疾病幾乎無法診斷，微小片段缺失有時也無法從傳統染色體檢查中被發現。

基因晶片檢測（Array-CGH）可以進一步檢測出微小基因片段缺失，近年來更進一步發展出的胎兒全外顯子分析（whole exome sequencing, WES）或全基因體定序（Whole genome sequencing, WGS），就可以用來診斷單一基因異常疾病，大大提高先天異常的檢出率。

由於微小片段缺失症候群往往沒有家族史，卻會造成多重發育異常，有鑑於許多準父母在懷孕過程中常會擔心寶寶發生各種先天性疾病，或者家族裡曾有過基因缺陷的成員，為了讓準父母能更放心的培育下一代，也避免新生兒因基因缺失罹患罕病，將懷孕風險降到最低，而有了高解析度的基因晶片檢測（a-CGH），大大提高了胎兒先天異常的檢出率。

檢測方式：

1. 合併羊膜穿刺檢查：經由羊膜穿刺的檢體，目前可檢測出300種以上的疾病。

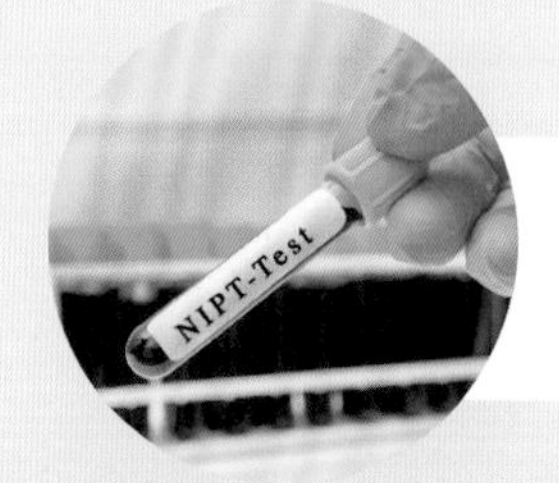

2. 合併NIPT檢查：經由母血的檢體，目前可檢測出10～100種疾病。

孕媽咪們做羊膜穿刺或NIPT檢查時，可以合併做產前基因晶片檢測（Array-CGH）哦！

5 常見的胎兒染色體異常疾病

染色體（Chromosome）是組成生物的基本物質，在人體細胞內具有46條染色體，分為23對，其中22對為體染色體，1對為性染色體。

正常男性：22對為體染色體，1對為性染色體（XY），通稱為46, XY

正常女性：22對為體染色體，1對為性染色體（XX），通稱為46, XX

當染色體的數目及構造出現異常，就會造成人體構造異常的各種疾病。

常見的染色體異常疾病有哪些呢？

體染色體異常

1.染色體數目異常

- 唐氏症（Down syndrome）-21 trisomy
- 愛德華氏症（Edwards' syndrome）-18 trisomy
- 巴陶氏症（Patau syndrome）-13 trisomy

2.染色體構造異常

- 錯位（translocation）
- 倒轉（inversion）
- 缺失（deletion）
- 重複（duplication）

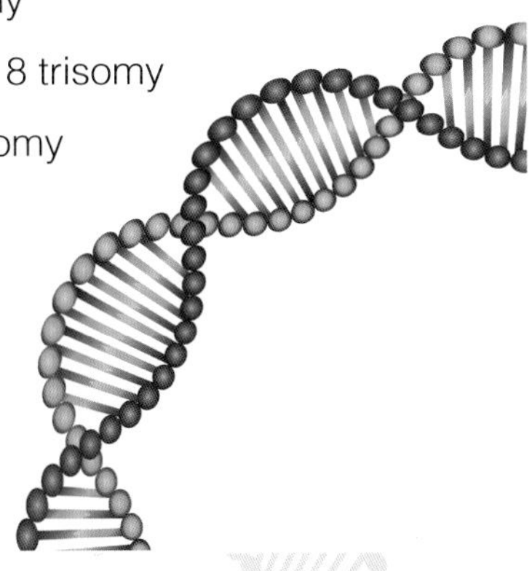

性染色體異常

1.透納氏症（Turner syndrome）-45, XO

2.克氏症（Klinefelter's syndrome）-47, XXY

3.多X或多Y-最常見為47, XYY之男性

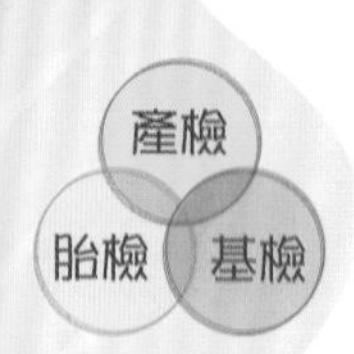

最常見染色體異常疾病懶人包

1.唐氏症（Down syndrome）-21 trisomy

2.愛德華氏症（Edwards' syndrome）-18 trisomy

3.巴陶氏症（Patau syndrome）-13 trisomy

4.性染色體異常，如：

- 透納氏症（Turner syndrome）-45, XO
- 克氏症候群（Klinefelter's syndrome）-47, XXY

5.染色體錯位、倒轉、缺失、重複等疾病

唐氏症（Down syndrome）——21 trisomy

47XY，47XX

此症是發生率最高的染色體異常疾病，多為偶發，並非來自遺傳，最早叫「蒙古症」或「蒙古癡呆症」。

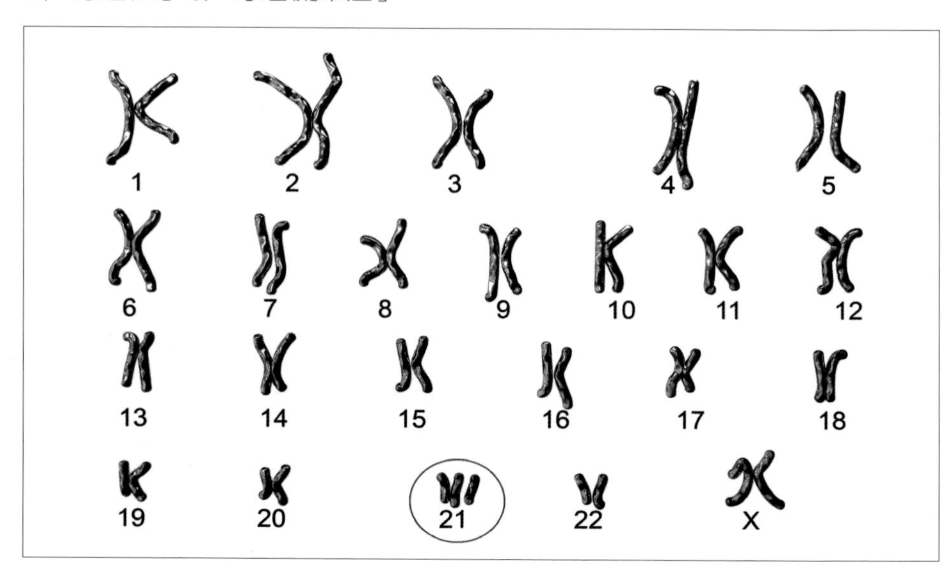

1866年，英國醫生約翰・朗頓・唐（John Langdon Haydon Down）首次發表了這一病症；1959年，法國遺傳學家傑羅姆·勒瓊（Jérôme LeJeune）發現唐氏症是人體第21對染色體三體變異造成的結果，是人類首次發現因染色體缺陷而造成的疾病。

唐氏症患者的特徵包括：兩眼間距較大、扁平臉、舌頭外突、四肢短小、斷掌、智能不足等，超音波可看到胎兒的頸部透明帶增厚及鼻骨缺失，藉此可篩檢出唐氏症寶寶。

唐氏症的發生率為1/500～1/600，患者除了有智力發展障礙之外，也常伴有其他器官的先天性異常，如聽力障礙、視力問題、先天性心臟病、牙齒發育不全、腸胃閉鎖、甲狀腺疾病、癲癇等。

台灣目前已實施全面性篩檢，但每年仍要生下20多位唐寶寶，更令人訝異的是有七成都來自非高齡產婦的年輕孕媽咪。

（註：全面篩檢前，台灣每年要生出500～600位唐氏兒）

現在，臨床已有最新、最安全的診斷型篩查方式（NIPT），只要抽母血做檢查（100%安全），準確率高達99.5%以上。

● 唐氏症外觀異常比例

特徵	發生率
扁平臉	90%
斜眼	86%
後腦勺扁平	85%
短頸	82%
四肢短小	75%
手掌粗短	70%
斷掌	62%
鼻樑塌陷	62%

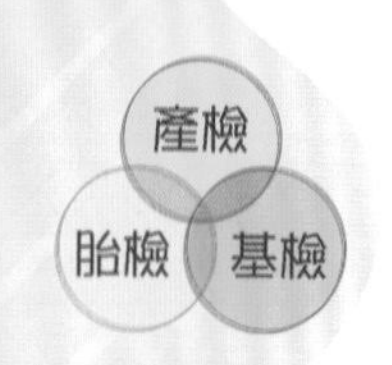

●唐氏症篩檢方式

	檢查週數	準確度	侵入性	危險性
1.第一孕期唐氏症篩檢（含頸部透明帶檢查）	11～13 週+6	80%+	無	無
2.第二孕期唐氏症篩檢				
二指標檢查（傳統）	15～20週	60%～70%	無	無
四指標檢查（含神經管缺損檢查）	15～20週	80%+	無	無
3.NIPT（非侵入性抽母血檢測胎兒染色體）	10～20週	99.5%+	無	無
4.羊膜穿刺	16～20週	100%	有	有

1.建議孕媽咪可選擇最準確的NIPT+SMA+Fragile X Syndrome檢查

2.建議高齡產婦或唐氏症篩檢異常個案需做羊膜穿刺

愛德華氏症（Edward Syndrome）——18 trisomy

為第18對染色體呈現三倍染色體症（即多了1條），為18 trisomy，是僅次於唐氏症、新生兒第二常見的因為染色體三倍體症所引發的重大疾病，特徵為智能不足、嚴重肌張力過強、低耳位、眼瞼下垂、手指異常、先天性心臟病及其他各種畸形。

大部分病例肇因於配子形成或胚胎發育時發生問題，隨著產婦年齡越大，胎兒發生此症的比例也越高，極少病例是因遺傳而患病；部分病例因鑲嵌現象而發病，也就是並非所有細胞都有染色體異常的狀況，透過羊膜穿刺檢查能予以確認。

新生兒罹患此症的機率約為1/5000，絕大部分是女嬰；也有許多胎兒因此死產，存活至1歲的機率約只有7.5%。

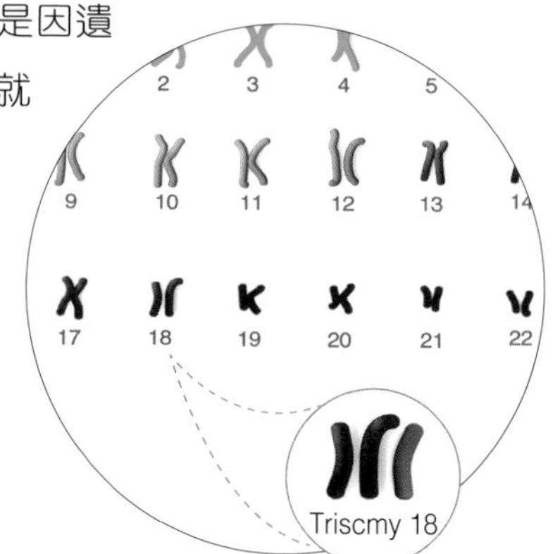

巴陶氏症（Patau Syndrome）——13 trisomy

為第13對染色體呈現三倍染色體症（即多了1條），為13 trisomy，特徵為腦室空洞、智能障礙、小頭和小眼、唇顎裂、多指等，此症胎兒多數會胎死腹中或在出生3個月內死亡。

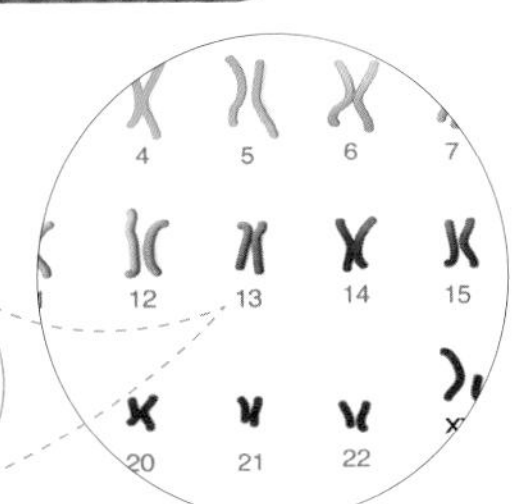

透納氏症（Turner Syndrome）——45，XO

性染色體中的X染色體少1條（45, XO），外表是女性，發病程度因人而異。新生兒手背腳背有淋巴水腫、身材矮小、脖子較短或蹼狀頸、皮膚鬆弛、下巴小、髮線低、兩側乳距較寬、脊椎側彎，部分患者有先天性心臟病，亦可能合併有肥胖、甲狀腺機能低下等疾病。但智力通常正常；另可能因影響荷爾蒙，在青春期時無第二性徵表現（無胸部），使得卵巢發育不全，沒有月經來潮，而影響生育能力（不孕）。

是婦產科醫師門診經常碰到的染色體異常疾病。

克氏症（Klinefelter's Syndrome）——47，XXY

性染色體（X）增加1條或多條（47, XXY）時稱為克氏症，外表為男性，智力稍低，嬰幼童時期症狀並不明顯，成年後因性腺和生殖器發育不良，睪丸較小且陰莖較短，因精子少而不孕，身材高瘦，青春期後因第二性徵發育遲緩或不完整，而有男性女乳、鬍鬚和體毛偏少等現象；部分患者早期可能出現語言發展遲緩，但可透過干預治療來改善。

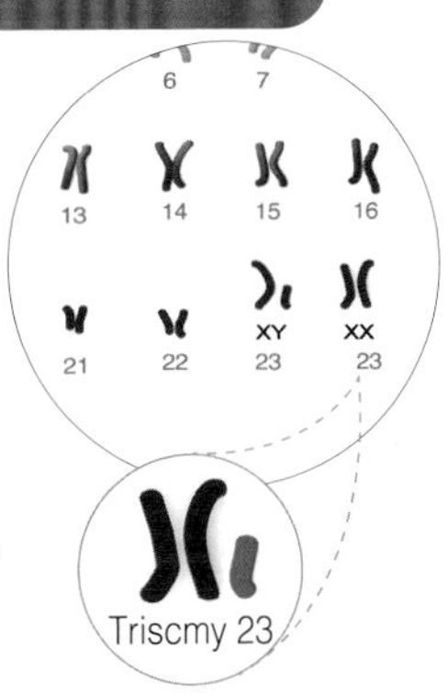

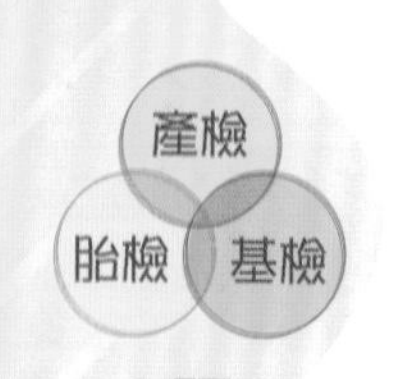

6 常見的胎兒基因異常疾病

在染色體上的小點點就是基因，也是生物體的遺傳物質，它是由DNA或DNA序列所構造而成。

由於染色體晶片分析的發展，將其應用在基因晶片檢測（a-CGH），目前人類已經可以藉由這些技術診斷出微小基因片段缺失，使得很多過去用傳統方法無法診斷的基因異常疾病，現在都可以被診斷出來。

常見的基因（Gene）異常疾病有哪些呢？

1.海洋性（地中海型）貧血（Thalassemia）甲/乙型

2.脊椎性肌肉萎縮症（SMA）

3.X染色體脆折症（Fragile X Syndrome）

4.先天性腎小管發育不全症（RTD）

5.微小基因片段缺失疾病，如：貓哭症（Cri du chat syndrome）、狄喬治氏症（Digeorge syndrome）、小胖威利症（Prader-Willi syndrome，PWS）、天使症（Angelman syndrome，安裘曼氏症）、威廉氏症（Williams Syndrome ）等

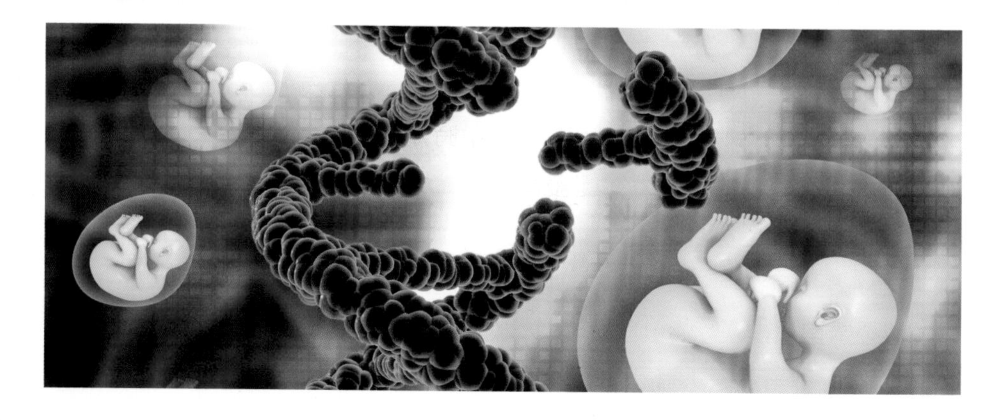

1. 海洋性（地中海型）貧血（Thalassemia）甲/乙型

為一種慢性、隱性遺傳溶血性疾症，無傳染性，男女患病機率相同，因好發於地中海沿岸而得名，為台灣地區最常見的單一基因遺傳疾病，國人約有6%為帶因者，人數其實不少，有100～200萬人。4.5%為甲型（α型、A型）、1.5%為乙型（β型、B型）。

人類的血紅素分子由鐵分子及血球蛋白結合而成，血球蛋白的合成由基因調控。

當位於第16對染色體上的甲型血紅蛋白基因有缺損時，將導致甲-血紅蛋白鏈製造不足，而引起甲型海洋性貧血症；當位於第11對染色體上的乙型血紅蛋白基因有異常，導致乙-血紅蛋白鏈製造不足，則引起乙型海洋性貧血症。

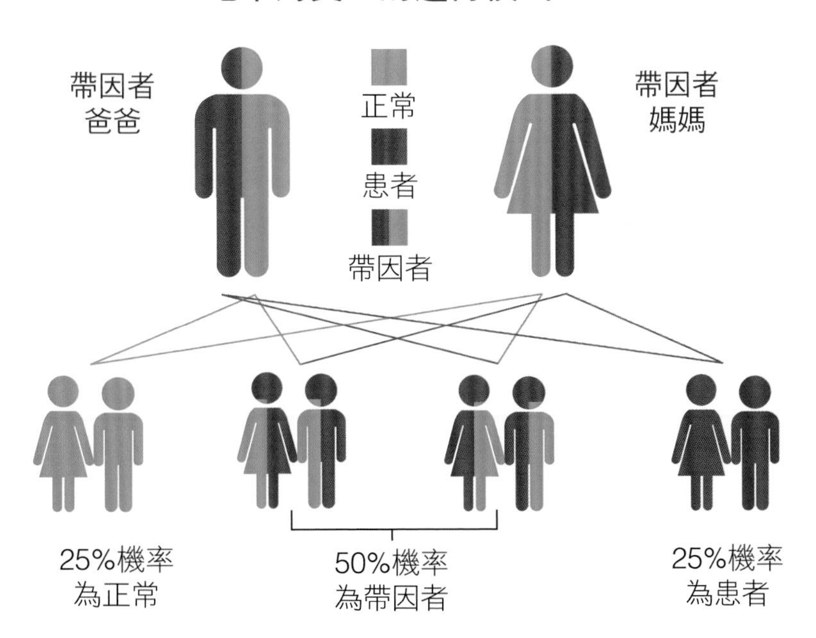

血紅素的組成

正常的血紅素稱為血紅素A（α2β2），是由2條α球蛋白鏈及2條β球蛋白鏈所組成的四聚體。甲型患者為生成α球蛋白的基因缺損，兩者共通的結果就是無法產生足夠的血紅素A，並呈現異常血紅素比例升高。

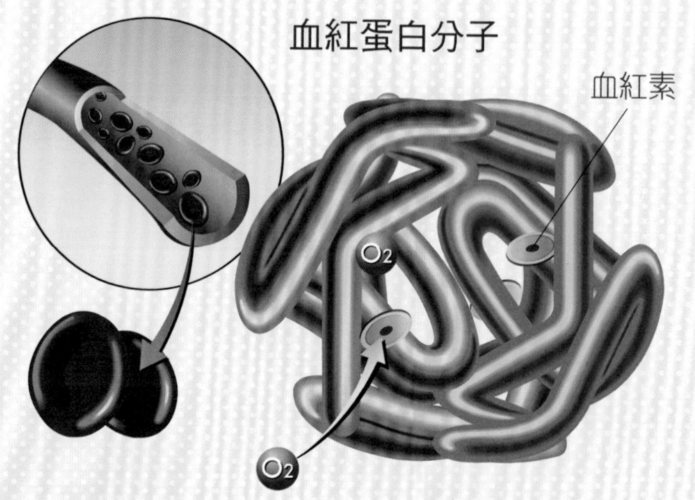

海洋性貧血的遺傳模式

α基因有4個，兩兩位在第16對染色體上，β基因有2個，位在第11對染色體上，所以，甲型海洋性貧血可分為四種，分別是缺1個、缺2個、缺3個、缺4個α基因的不同類型，缺少的基因數愈多，疾病的嚴重程度愈高。

乙型海洋性貧血分為兩種，1個基因缺損時為輕度乙型海洋性貧血，若2個基因都缺損，就會成為中度或重度的乙型海洋性貧血患者。

另外，因α基因與β基因位在不同染色體上，所以一個人可能同時帶有甲型和乙型海洋性貧血的基因缺損。

	甲型海洋性貧血	乙型海洋性貧血
輕度	有輕微貧血，但多無症狀	有輕微貧血，但多無症狀
中度		骨頭畸型、肝脾腫大，偶爾需要輸血
重度	臉色蒼白且有脾腫大的情形	生長遲緩、骨頭畸型、肝脾腫大、黃疸、性腺功能低下，患者常需要輸血，故容易引起血鐵質沈著導致心肌病變、肝腫大、內分泌失調，還可能因心臟衰竭而死亡，多發生在20～30歲

甲型重症可引發胎兒水腫，甚至子宮內胎兒死亡

胎兒如罹患甲型海洋性貧血重症（缺4個基因thalassemia Bart's），會因完全無法製造A血紅蛋白鏈，在子宮內即發生嚴重的溶血、貧血及組織缺氧；大約在懷孕20週以後會出現水腫現象，使得胎盤肥大，胎兒則有肝脾腫大、腹水、胸腔積水及全身皮膚水腫等現象，即所謂的「胎兒水腫」。

罹患甲型海洋性貧血重型的水腫胎兒，可能於妊娠末期在子宮內死亡，或者出生後不久即因肺部發育不良及嚴重貧血導致缺氧而死亡。

如果胎兒是乙型海洋性貧血重度患者，超音波檢查不會顯現出不正常，但出生幾個月後，新生兒會開始出現貧血及成長停滯的情形，需終身定期輸血，或經由幹細胞移植來挽救生命。輸血頻率初期為每個月一次，隨體重增加需提高頻率，甚至每星期要輸血一次或增加輸血量，但只靠輸血維生壽命通常只有十多年。

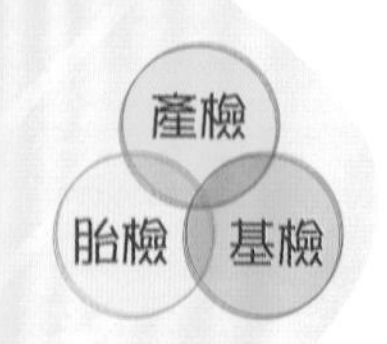

治療方式

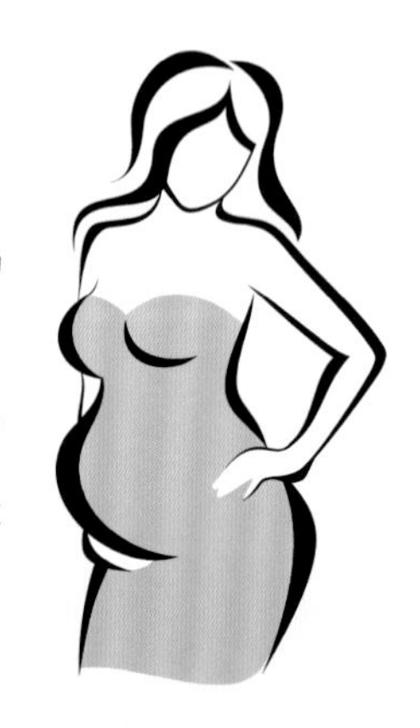

1.生活上與一般人無異，無需任何治療，更不會惡化為重型。

2.在台灣，海洋性貧血的帶因者（6%）大約有100多萬人，我們身邊很多人可能都是帶因者，這些人只是紅血球攜氧能力較差，只要不要做劇烈運動或登高山（因為高山氧氣稀薄），日常生活可與常人無異。

重型

1.**輸血治療**：由於變形後的紅血球會不斷遭受破壞，所以重度患者必須倚賴終身定期輸血，以維持血紅素濃度。

2.**排鐵劑治療**：輸血的同時亦會輸入鐵質，過多的鐵質到處流竄，沉積到胰臟等處會造成糖尿病、肝硬化等現象。

3.**幹細胞移植**：若想要永遠解決重度患者的困擾，目前唯一的方法就是做幹細胞移植。骨髓移植的風險性高，目前已很少做了，而臍帶血和週邊血的移植是目前治療的主軸，有治癒的機會。

產前診斷確診率極高

缺鐵性貧血（IDA）與海洋性貧血皆會出現小血球性低血色素貧血，因此在做海洋性貧血診斷時應同時檢測鐵蛋白，以確定病人是否合併有缺鐵性貧血。

若受檢者鐵蛋白偏低，在補充鐵質後紅血球容積（MCV）與血色素（Hb）升高成正常值，且DNA 診斷無海洋性貧血，應僅為缺鐵性貧血，否則可能合併患有海洋性貧血。

要預防發生海洋性貧血，最好的方法就是做懷孕前檢查與產前篩檢，如果夫妻同時帶因，胎兒就有1/4（25%）的機會是海洋性貧血患者，這就必須進一步抽羊水檢驗，進行胎兒基因檢測，以便確認診斷，以免生下重度海洋性貧血的寶寶，這是預防出生缺陷的首要檢查。

目前台灣對於孕媽咪貧血（含海洋性貧血）已有完善的篩檢檢測流程，想要「預防出生缺陷，孕育健康寶寶」，務必要做到滴水不漏哦！

台灣的產前貧血篩檢檢測流程

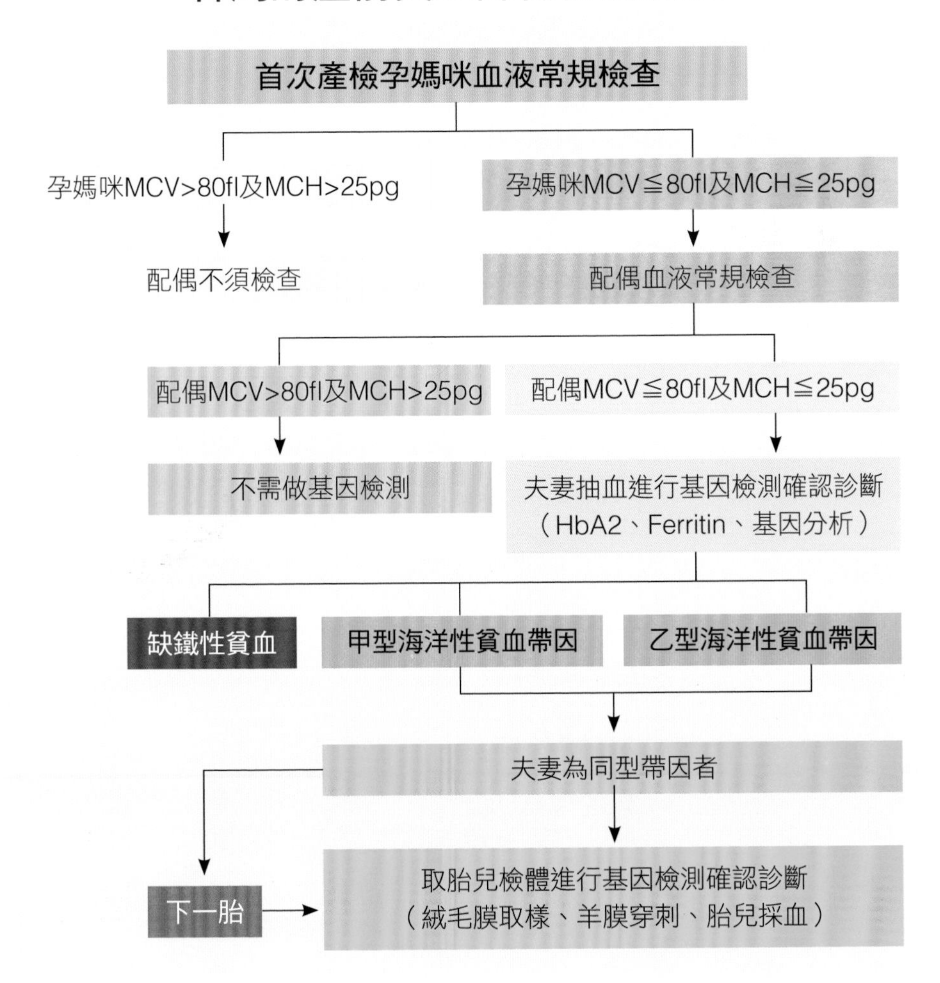

2. 脊椎性肌肉萎縮症（SMA）

以下是一名SMA患兒家長的心聲：亮亮出生時是個白白胖胖的小男孩，在他2歲時我們發現他趴著時無法抬頭，手腳也顯得無力，很少動，發現不對勁時帶他去看醫生，被診斷為SMA，之後，亮亮雖可靠背坐10分鐘，卻常因呼吸道感染住院，且身體的情況愈來愈壞，隨著神經元的死去，活動力每況愈下，患兒通常活不過3歲，實在令人感傷。

SMA是一種脊髓運動神經元退化疾病，屬於人體染色體隱性遺傳疾病，因脊髓的前角運動神經元漸進性退化，造成肌肉逐漸軟弱無力並萎縮的情況，但智力完全正常，就好像「早發性漸凍人」。

患者臨床上主要是由肌肉無力進而影響生理功能，且隨著肌肉無力的病程進展，逐漸出現慢性呼吸衰竭、吞嚥及營養攝取困難、脊椎側彎及行動能力受限等問題，第一型患者呼吸、吞嚥等問題更為嚴重，就好像漸凍人一般，隨著神經元的死去，肌肉逐漸凍結無力，通常2歲多就會因呼吸衰竭而死亡。

SMA是發生率僅次於海洋性貧血、排名第二的基因遺傳性疾病

SMA是一種罕見的隱性遺傳疾病，即使夫妻都沒有病徵，寶寶也可能罹患SMA，台灣的SMA帶因率約為1/50（2%），如果夫妻都是帶因者，生下的寶寶罹患SMA的機率約為1/4（25%）。

SMA患者天生缺乏SMN1基因，無法正常生產SMN蛋白，導致運動神經元漸進式死亡，隨著病程進展會出現肌肉軟弱無力、萎縮的情形，依嚴重程度可以分為一～四型，其中第一型的症狀最嚴重，出生幾個月就會發病，連基本的喝奶、呼吸都有困難，大多數無法存活超過2歲，二～四型的發病年齡較晚，一旦發病就會開始失去行走能力，隨著全身運動神經元死去，身體肌肉逐漸無力，最令人不捨的是患者的意識相當清楚，而這對病人及家屬來說是更加殘酷。

發病原因主要是第5條染色體上一種稱為「運動神經元存活基因」（SMN）產生突變所致，台灣每40人就有1個帶因者，是帶因率僅次於海洋性貧血的遺傳性疾病，帶原率為1/35，發生率為1/3000～1/5000。

大部分正常人具有2個以上的SMN1基因，帶因者只有1個。約95%的患者都是因為SMN1這段基因出現大片段缺失或轉換所導致，其他少數發病者若無SMN1基因大片段缺失或轉換，可能是在SMN1基因上發生一些小突變而致病。

這種病除了少部分是自體的基因突變所致，大部分是來自父母的遺傳，屬於隱性遺傳。在全面篩檢以前，台灣每年要產下數十到上百個SMA胎兒，這是傷心的悲劇，孕媽咪不可不甚。

SMA新希望——奇蹟之藥的誕生

SMA原本是無藥可治的罕見疾病，經過百年的等待，2016年終於誕生首支SMA新藥，為SMA患者帶來無限希望，衛福部也終於在2020年7月1日正式

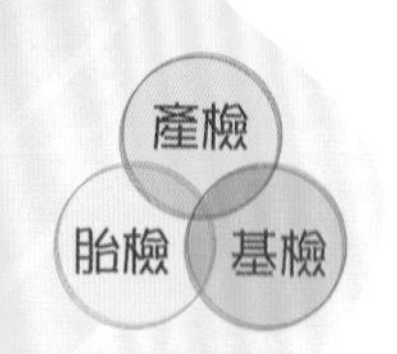

宣布將SMA新藥納入健保，預計每年將有數十人受惠。

美國早在2016年時就已經有SMA用藥，此藥能保護尚未退化的神經元，讓SMA患者的症狀不再繼續惡化，且適用所有類型的SMA患者，藥品一推出即被稱為「奇蹟之藥」，台灣雖然從最初的研發計畫即是共同參與成員，卻因為藥價高昂而遲遲未將SMA用藥納入健保給付。

近年在SMA患者/家屬、媒體及醫療各界的共同努力之下，健保署於2019年底召開藥品共同擬定會議，決議有條件給付SMA新藥，並於2020年7月1日公告正式啟動SMA健保給付。

關於SMA健保給付的修正案，其實早在2019年底就大致定案，但因為藥價實在太昂貴（每劑高達245萬元），健保署花了半年時間與藥廠多次協議，完整評估財務風險，才正式施行健保補助，減輕病友用藥的負擔。

使用SMA新藥沒有年齡限制，但健保給付只開放給6歲以下、發病時間為1歲以前的第一型與部分第二型患者，在健保財務狀況許可的情況下，未來希望能逐步開放健保給付年齡，讓更多患者也能同享SMA用藥給付的福利。

治療方式 21世紀人類的重大發明！

SMA在2016年以前是絕症，現在可將藥物經由背部打入脊髓液，減少運動神經元壞死，治療效果相當顯著，適用於所有SMA患者，可說是上天給病友最棒的禮物，如果提早開始治療，SMA患者幾乎可與正常人無異；就算晚期才開始使用，也能阻止病情持續惡化，保留還未死亡的運動神經元繼續作用的機會。

由於神經元會在出生後快速減少，SMA寶寶在發現1個月左右就會減少七成的神經元細胞；若透過大規模且普及的新生兒篩檢，一確診就使用此新藥，可將治療時間提前到發病前或剛發病時，使神經元不再惡化，由此可見，新生兒篩檢（請參閱本書P.173）是非常重要的是，新生兒家長千萬不可輕忽。

要預防胎兒罹患SMA，可做母血基因檢測，採集2～3cc全血萃取出DNA即可做檢測，且一生只須做一次。

若父母都是帶因者，下一代：

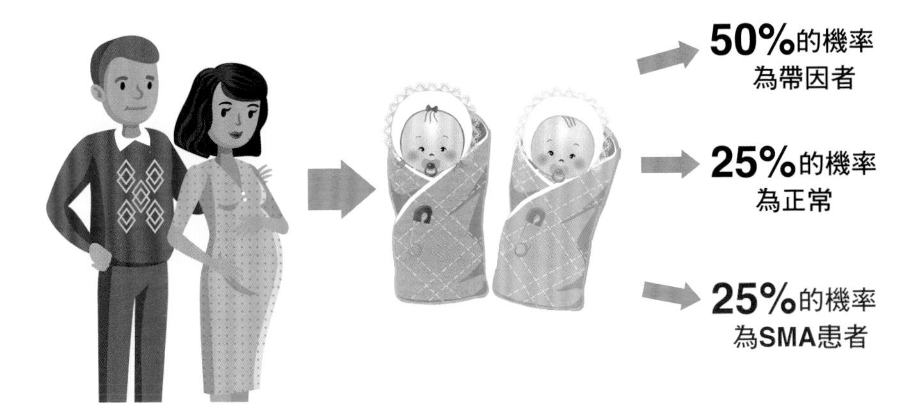

3. X染色體脆折症（Fragile X Syndrome）

這是最常見造成遺傳性智能障礙的疾病，目前為僅次於海洋性貧血及脊椎性肌肉萎縮症（SMA），是排名第三的先天性基因遺傳疾病，男性發生率為1/3600，女性發生率為1/4000～6000。

之所以稱為「脆折」，是因為患者的血液淋巴球經過特殊培養後，其X染色體的長臂末端在顯微鏡下常呈現較為脆弱、斷裂的情況而得名。

其病因是X染色體上的FMR1基因產生突變，導致FMR1蛋白質的製造量減少。由於FMR1蛋白質是腦部維持正常神經傳導所必需，缺乏時會使腦細胞彼此的聯結出現異常，患者可無症狀，但卻會遺傳。

患者除智能障礙外，其他可能的症狀包括：情緒問題、語言遲緩、注意力不集中、過動、自閉、不善與人接觸等，致病原因為FMR1基因內發生CGG重複次數異常增加，導致無法生成FMRP基因產物。FMRP是一種重要的腦部

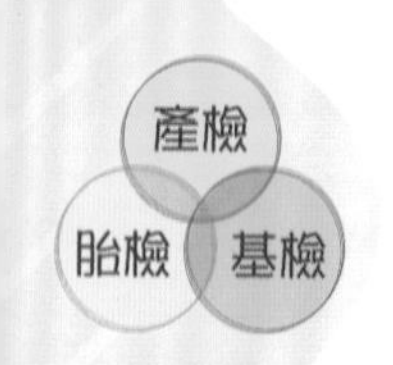

物質，缺乏時會出現智力異常情況。由於FMR1基因位於X染色體上，所以此症為性聯顯性遺傳，患者出生時外觀並無異樣，平均於3歲時才會出現症狀。

該病可經由無症狀的帶因者傳遞數個世代而不發病，一旦進行到全突變時，就會在智力、行為及身體上有不同程度的變化，從輕微的學習問題到嚴重的智能障礙都可能發生，男性患者的症狀通常比女性患者嚴重許多。

台灣發生率約為1/10000，較歐美低。患者的身體健康狀況大致良好，沒有特殊異狀，壽命及外觀多與常人無異，但仔細觀察仍可發現下列特點：臉型及下巴較長、額頭較高、大而（或）突出的耳朵（俗稱「招風耳」）、青春期後睪丸較一般人大、鬆散的結締組織常導致關節鬆動、扁平足、視力問題、常有心雜音（二尖瓣脫垂）等情況。

但不是所有男性患者都有以上全部特點，女性患者可能出現與成年男性患者一樣的身體特徵，但外觀特徵通常較不明顯；另外，約有20%的患者會出現癲癇，20%的女性準突變帶因者會有早期停經的現象，但不會出現智能及認知問題。

不同患者的行為特徵差異頗大，從渴望與他人互動到對人厭惡、反感、焦慮、極度害羞等都可能發生，外顯的行為包括：逃避與他人眼神接觸、頭部晃動、拍手、咬手、易被移動的物體吸引等。

80%的患者
曾被診斷為過動兒

20%的患者
曾被診斷為自閉症

母子均安

臨床上，由於脊椎性肌肉萎縮症（SMA）、X染色體脆折症及子癲前症都可以在第一孕期時進行檢查，因此可以在第一孕期時藉由一次抽血同時滿足三項血液檢測，監測寶寶遺傳疾病的同時，也照護孕媽咪本身的健康。

誰要做檢查？

1.有原因不明的智能障礙、發展遲緩或有自閉傾向，尤其是有家族病史者。
2.家族中有X染色體脆折症的患者。
3.有成人後發生運動失調或震顫的家族病史。
4.有濾泡刺激素（FSH）偏高或卵巢早衰相關的不孕症患者。

4. 先天性腎小管發育不全症（RTD）

這是發生率排名第四的基因異常疾病，在台灣的發生率據統計有追趕、甚至超越X染色體脆折症的趨勢。RTD的遺傳模式屬於自體隱性遺傳，會導致新生兒生長遲緩、腎功能衰竭，甚至死亡。

RTD的特徵為：產前高層次超音波看不出腎臟異常，腎臟與正常胎兒的超音波影像一致，也就是說，超音波（胎檢）檢查不出這項異常，因此必須做基因篩檢才能診斷，是近年新發展出來的罕見疾病篩檢項目。

5. 微小基因片段缺失疾病

貓哭症（Cri du chat Syndrome）

此症是因為第5號染色體部份缺損（亦稱為5p單倍體），約90%的問題基因都因突變而成，其餘的問題基因是由於父或母單方的兩條第5號染色體連在一起，使受影響的胎兒成為5p染色體三倍體（trisomy），後者通常會有較嚴重的病症和病狀。由於寶寶的喉頭和神經系統異常，所以患兒會出現貓叫般的哭聲，約三分之一的患兒在2歲之後就不會再出現這種哭聲。

患者特徵為兩眼分開、後縮頷、哭聲如貓、智力不足等。

威廉氏症（Williams Syndrome）

這是一種遺傳物質缺陷所造成的先天性疾病，大部分為偶發，極少有家族史，新生兒的發生率約為1/7500～1/10000，在各個種族、國家及男女間有相同的患病率。生理特徵包括：小而上翻的鼻子、人中長及嘴巴寬、嘴唇飽滿、下巴較小、泡泡眼等。

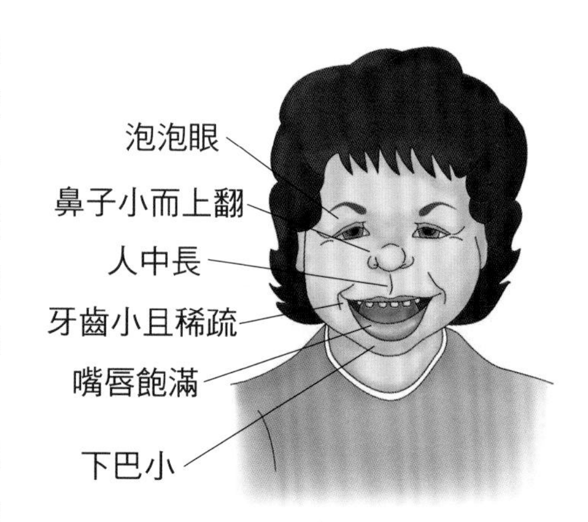

行為特徵包括：過動、過度焦慮與擔憂、注意力不集中、對某些物品或議題有偏見、外向、喜歡交際、對聲音過度敏感、對成人極度友善、對高度或不平的表面感到恐懼。

狄喬治氏症（Digeorge Syndrome）

此病為第22對染色體短臂缺損所引起，是台灣常見的微小基因片段缺失（microdeletion）疾病之一，分為第一型及第二型，第一型發生率約為1/2000（0.05%），第 II 型發生率小於0.001%，少數病人為遺傳，多數為本身染色體基因缺損引起，患者的子女有50%的機率會得病。

主要臨床表現

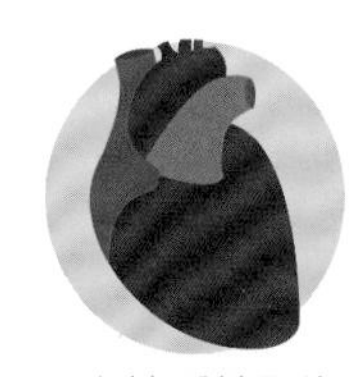

心血管系統異常

1.心臟問題：動脈弓異常，包括右側動脈弓、主動脈阻斷、法洛氏四重症（心室中膈缺損、主動脈跨位、右心室出口阻塞、右心室肥大）、肺動脈發育不良，多數病人有多重心臟異常。

免疫不全

2.免疫問題：胸腺發育分為部份發育與完全發育，以部份發育佔大多數。完全無胸腺的病人因為T細胞有嚴重的免疫力缺乏，易引起伺機性感染，如黴菌、肺孢囊蟲等。

3.臉型：人中短、眼距寬、顎裂、耳廓異常、叉型懸雍垂、鼻樑大、聽障等。

智能障礙

4.副甲狀腺功能低下：造成低血鈣或新生兒早期低血鈣。

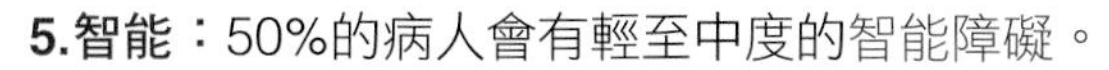

5.智能：50%的病人會有輕至中度的智能障礙。

6.生長發育：多數病人身材矮小且體重增加慢，肌肉張力低且有學習障礙。

7.其他：少數有腎臟、泌尿道或生殖器發育異常，或出現疝氣等。

診斷方式

由於此疾病為基因的小片段缺損，現在利用NIPT+產前基因晶片檢測（a-CGH）即可診斷，簡單、安全，又方便。

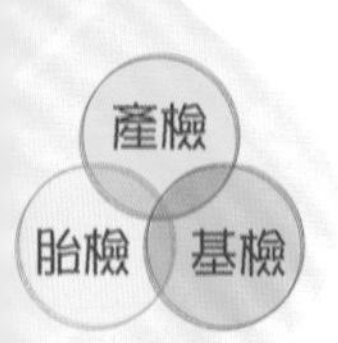

國內某知名生技公司統計：國內狄喬治氏症自然發生率遠高於您的想像！

依據台灣總體臨床統計資料顯示，國人狄喬治氏症的疾病盛行率約為1/4000，但國內某知名生技公司在2018年底～2020年中進行一年半數據統計，利用NIPT對大約6000名包括各年齡層的孕媽咪做基因微小片段缺失檢測，結果顯示抓出5名真陽性（另有2位為偽陽性），據此統計，第一型狄喬治氏症的疾病檢出率大約為1/1200，遠比台灣總體疾病盛行率數據高，且不分年齡，發生率都很一致！推測數據落差可能的原因為，以往沒有非侵入性的方式能進行篩檢，而是要透過侵入性羊水晶片檢測，或是寶寶出生後才能因為發病狀況而在小兒科醫師的診斷下確診，而且懷孕做超音波檢查時，部分胎兒可能因心臟缺陷而選擇引產，但並不一定有做流產物質檢查而確認原因。筆者接生過2位狄喬治氏寶寶，雖然罕見，在台灣的發生率似乎不低，不可不慎。

不過由於樣本數的關係，這個結果未必能定論台灣就是第一型狄喬治氏症的高發地區，須有更多的科學檢測或更大量的統計數據才具有科學意義，提出此觀察結果目的在提醒孕媽咪們，產前做基因檢測可預防寶寶出生缺陷，且因為狄喬治氏症發病者僅有10%是自體顯性遺傳，其餘90%都是自發性突變，所以即便家族中沒有相關病史，也不能保證絕對不會發生，做產前基因檢測正好可彌補此不足。

NIPT產前染色體定序篩檢(如：Q寶plus等)是目前最高檢出率的非侵入性檢測方式，同時可針對小片段缺失疾病深入篩檢，而且懷孕10週即可進行，可以提早檢測出寶寶潛在患病風險。

天使症（Angelman Syndrome，安裘曼氏症）

是一種罕見的神經行為遺傳疾病，發生率約為1/15000，目前已知的發病原因在於第15對染色體上的UBE3A基因失去原本效用所導致。

患者的症狀包括中度到重度智能障礙、小頭症、步態不穩、癲癇與異常腦電圖、發展遲緩、表達性言語稀少、陣發性發笑、眼睛視察異常，睡眠、飲食障礙，過動（尤其興奮時拍手舞動）、喜歡音樂或玩水、注意力不集中、常將手指放入口中等行為問題。

小胖威利症（Prader-Willi Syndrome，PWS）

因第15對染色體長臂出現缺陷所導致的疾病 。

由於罹病成因不同，因此該疾病的再發率也有異。大部分的個案都是新生突變，父母下一胎再發生的機率小於1%；若是屬於染色體重組或是基因銘記作用控制中心突變，則有可能是從父母所遺傳的變異，這種情況的再發生率可能高達50%。

患者在新生兒時期會呈現肌肉張力差、餵食困難、生長緩慢、體重不易增加等情況，但到2～4歲時則突然食慾大增且無法控制，對食物有不可抗拒的強迫行為，使體重持續增加導致嚴重肥胖，並產生許多身體及心理的併發症。

最常見基因異常疾病懶人包

1.海洋性貧血/地中海型貧血（Thalassemias）甲/乙型
2.脊椎性肌肉萎縮症（SMA）
3.X染色體脆折症（Fragile X Syndrome）
4.先天性腎小管發育不全症（RTD）
5.其他罕見基因異常疾病，如：貓哭症、狄喬治氏症、小胖威利症、天使症（安裘曼氏症）、威廉氏症、黏多醣症、成骨生成不全症（俗稱「玻璃娃娃」）等

CH4

避免「懷孕時無法診斷，出生後無藥可醫」，這些檢查一定要知道

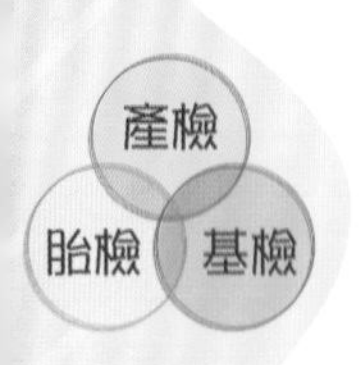
產檢
胎檢
基檢

做為一名產科醫師，在門診中最常被問到的一個問題就是：

哪些自費檢查項目必須要做，且不能錯過？

以下就針對孕媽咪的這些疑惑做個簡要說明。

新聞中或生活週遭常見有些寶寶出生時看起來一切正常，新手父母高興地迎接新生命的到來，但照顧一段時間之後卻發現寶寶有發育遲緩的跡象，心想，例行產檢不是都做了嗎？怎麼會這樣？

預防出生缺陷
孕育健康寶寶

其實，很多寶寶的先天缺陷透過例行產檢是檢查不出來的，還有些疾病如果錯過了檢查時機，就可能出現懷孕中無法診斷，或是出生後無藥可醫的窘境，都會是寶寶與家長一輩子的遺憾，不可不慎。所以，要全面做到「預防出生缺陷，孕育健康寶寶」，以下這些檢查一定要知道：

1.先天性感染（TORCH）篩檢
2.染色體檢查（NIPT或羊膜穿刺）
3.產前基因晶片檢測（a-CGH）
4.脊椎性肌肉萎縮症（SMA）篩檢
5.X染色體脆折症（Fragile X Syndrome）篩檢
6.先天性腎小管發育不全症（RTD）篩檢
7.妊娠毒血症（子癲前症）篩檢

如果錯過了，懷孕中無法診斷，出生後無藥可醫！

1 先天性感染（TORCH）篩檢、B19和茲卡病毒介紹

懷孕期間有些病原體可能先入侵母體，再經由胎盤垂直感染給胎兒，造成先天性感染，對胎兒的影響因病原體種類及感染時間不同而有異。

基本上：

1.懷孕早期（2～8週）是胚胎器官形成期，這時期若受到感染，大多會造成胎兒畸形。

2.懷孕中後期，此時期胎兒已經成形，所以影響最大的是胎兒的神經系統。

在整個胎兒發育期間，神經系統一直處於容易受傷害的狀態，是最易因先天性感染而造成傷害的部位。

對神經系統的傷害，除了出生時就可見的病變外，還有不少損傷可能在出生數個月後才逐漸顯現，如聽力障礙、發展遲緩、智力障礙等，也有可能在半年甚至更後期，家長才逐漸發現孩子有這些問題。

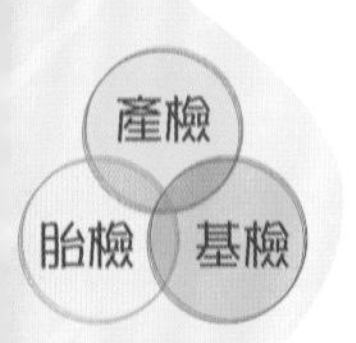

懷孕期間五個最可能導致胎兒畸形的重要感染：

T（Toxoplasmosis）：弓漿蟲

O（Others）：其他，如梅毒、水痘、人類免疫缺陷（HIV）病毒（AIDS）、披衣菌、淋病、B19微小病毒等，以梅毒為代表。

R（Rubella Virus，RV）：德國麻疹

*****C**（Cytomegalovirus，CMV）：巨細胞病毒；產前幾乎無法診斷，出生後無藥可醫。

H（Herpes）：皰疹

TORCH感染有什麼臨床表現？

1.弓漿蟲（弓形蟲）

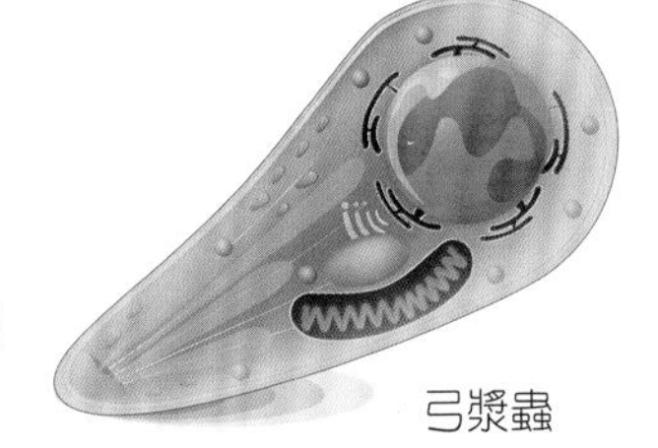

弓漿蟲

I.簡介：免疫功能健全的成年人初次感染弓漿蟲僅10%～20%會出現臨床症狀，且預後良好。

II.孕媽咪感染：如果孕媽咪感染弓漿蟲，受感染的孕媽咪可能通過胎盤垂直傳播導致胎兒宮內感染。尤其是在懷孕早期，初次感染弓漿蟲會導致流產、死胎、先天性弓漿蟲感染症等。

III.新生兒影響：子宮內感染的胎兒，絕大部分在出生後會逐漸出現脈絡膜視網膜炎、嚴重視力損傷、聽力喪失或神經系統發育遲緩等後遺症，如失聰、失明。

發生在懷孕早期的弓漿蟲子宮內感染對胎兒的危害最嚴重，新生兒可於出生後兩週內，檢測血清中TOX-IgM抗體來確診。

IV.預防：

1.近年來全國傳染病通報，有3起弓漿蟲感染症之確診案例，建議孕期一定要做弓漿蟲篩查。

2.落實「三要一寵」以避免感染

- 一要：要生熟食分開
- 二要：要勤洗手
- 三要：（從事園藝及寵物糞便處理相關活動）要戴手套
- 一寵：寵愛寵物（給寵物做定期健康檢查）

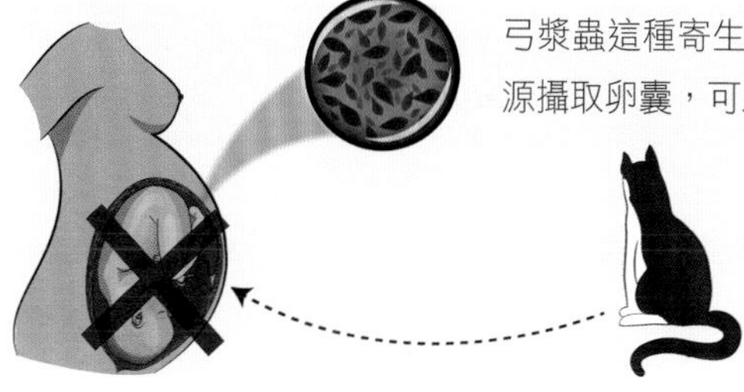

弓漿蟲這種寄生蟲的生命週期始於貓體內，通過從污染源攝取卵囊，可以傳播給人類和其他哺乳動物

所以，家裡有養寵物（貓、狗）的孕媽咪，一定要做弓漿蟲篩查，且懷孕初期盡量不要接觸小動物。

2.德國麻疹

I.孕媽咪感染：孕媽咪感染德國麻疹病毒可以透過胎盤垂直傳染給胎兒，可能會造成死產、自然流產、或胎兒主要器官受損，如先天性耳聾、青光眼、白內障、小腦症、智能不足及先天性心臟病等缺陷，統稱為先天性德國麻疹症候群（Congenital Rubella Syndrome，CRS）。這是非常嚴重的新生兒先天性畸形疾病，不可不慎。

II.疫苗預防：

1.為避免德國麻疹病毒對胎兒造成傷害，建議準備懷孕前3個月常規進行RV-IgM、IgG抗體定量測定，IgG抗體為陰性者應注射疫苗後避孕1個月（28天），期滿後再計畫懷孕。

2.有證據顯示，孕前注射疫苗後意外懷孕者，孕媽咪及胎兒是安全的。

3.在懷孕11週前發生的德國麻疹宮內感染所致胎兒出生缺陷率高達90%，之

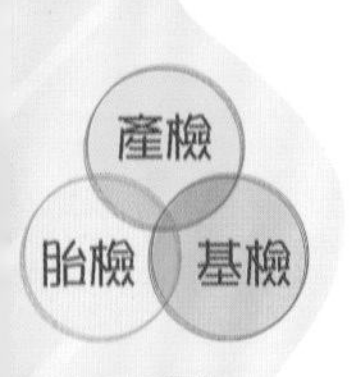

後風險會逐漸下降，在懷孕20週後感染者一般不會導致先天畸形，但可能導致胎兒生長受限。

4.目前，全民健保有提供德國麻疹的抗體篩查，IgG抗體為陰性者，生產完後應該到衛生所免費注射疫苗。

3.巨細胞病毒（懷孕時無法診斷，出生後無藥可醫）

I.重點：孕媽咪是否感染巨細胞病毒，是所有婦產科醫師要嚴肅面對的課題，告知孕媽咪這項檢查必須要做。

巨細胞病毒

II.孕媽咪感染：大部分成人感染巨細胞病毒並不會出現症狀或症狀很輕微，但可怕的是孕媽咪在懷孕期間如果是初次感染巨細胞病毒，垂直傳播給胎兒的機率高達30%～40%，復發性感染導致垂直感染率為0.15%～2%。

III.新生兒影響：被感染的新生兒一旦發病，輕微者會導致智力、聽力、視力受損合併成長障礙，及肺部、血液、肝脾疾病，嚴重時會造成新生兒死亡。可怕的是輕微感染，新生兒會有不同程度的失明、失聰，甚至是智力受損，這會是一輩子的悲劇，不可不慎。

近年來（2019年法國）的研究發現，孕媽咪只有在第一孕期初次感染巨細胞病毒，被感染的胎兒出生後會有後遺症（聽力障礙、神經發展遲緩），第二孕期以後感染，胎兒不會有神經學或聽力方面的後遺症，主要是胎兒過小。

因此當孕媽咪在懷孕初期沒有做巨細胞病毒檢查，一旦到懷孕後期（8個多月）發現胎兒過小，就會令人非常擔心。

IV.診斷及治療：目前對於孕媽咪及胎兒感染巨細胞病毒的診斷方法均非十全十美，且發病後沒有治療方法，可說處於「懷孕時幾乎無法診斷，出生後無藥可醫」的窘境，因此，要避免巨細胞病毒感染，懷孕早期的TORCH篩查就顯得非常重要。

就像孕媽咪感染B型肝炎一樣，有口服抗病毒藥物可以治療（參考本書P.28）。目前發現，孕媽咪一旦感染巨細胞病毒也可以經由口服抗病毒藥物Valaciclovir治療，以減少胎兒感染，此藥物對於孕媽咪和胎兒都是安全的，甚至胎兒已確定被感染，藥物仍然有幫助，但治療效果不是很完美，只能當作選項之一。

V.預防：建議孕媽咪一定要做巨細胞病毒檢查。

VI.一位婦產科醫師的心聲：當孕媽咪懷孕8個多月，超音波顯示胎兒過小、而一切產檢都正常時，就會強烈擔心為巨細胞病毒感染，但醫師對這種情況卻又束手無策，幾乎無法診斷（要確定診斷要抽羊水或臍帶血檢驗病毒DNA，有一定難度），讓婦產科醫師陷入窘境。因此，TORCH篩檢非常重要，建議孕媽咪一定要做巨細胞病毒檢查。

4.皰疹病毒

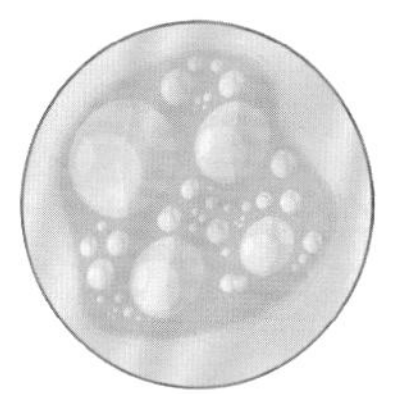
皰疹病毒

I.孕媽咪感染：孕媽咪感染單純皰疹病毒會通過胎盤傳染給胎兒，如果產道遭病毒感染，在分娩過程中也會將病毒傳染給新生兒。

II.分娩方式：感染皰疹病毒的產婦如果陰部有病灶，經陰道分娩時垂直傳染給新生兒的風險高達30%～50%，因此，為防止新生兒被感染最好採取剖腹方式生產。

5.梅毒

I.病因：如同大家所熟知，梅毒是一種可怕的性病，因感染梅毒螺旋體而引起。

梅毒

II.孕媽咪感染：孕媽咪一旦遭感染，妊娠18週以前沒有治療，螺旋體就會通過胎盤垂直傳染給胎兒，不僅可能造成流產、死胎，最可怕的是若生下感染先天性梅毒的寶寶，那就會是一輩子的遺憾，不可不慎。

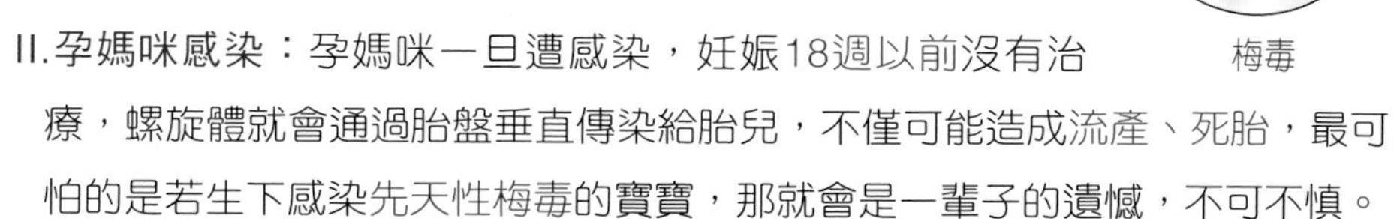

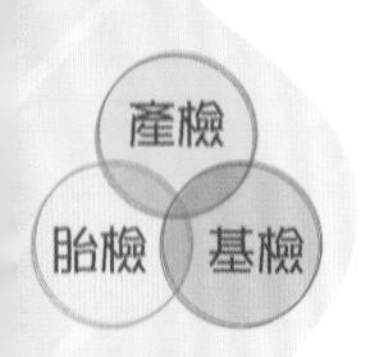

III.相關風險：另外，罹患梅毒的孕媽咪也是AIDS愛滋病的高危險群，要一併做AIDS愛滋病HIV病毒篩檢，所幸目前這些都列為全民健保孕媽咪要做的常規檢查。

誰需要做TORCH感染篩查？

一般成人TORCH感染症狀輕微，無特異的臨床表現，但在無典型表現的感染者中可能有潛在高危險族群。因此，建議所有準備懷孕或懷孕早期的孕媽咪都應該做TORCH抗體篩查，以確定自身對TORCH的自然免疫狀態，同時也能篩檢出可能的潛在感染者。

孕媽咪進行TORCH抗體篩查需註明懷孕週數，目前歐洲所有產婦一定要做這項檢查。

誰是TORCH感染的高風險族群？

1.孕前或孕期有寵物接觸史

2.有德國麻疹患者接觸史

3.夫妻雙方或單方曾患生殖器、口唇或其他部位皮膚疹或皰疹

4.孕期有發熱和（或）上呼吸道感染症狀者

6.B19病毒

I.簡介：微小病毒B19是經由呼吸道感染的疾病，此病毒只感染人類，是兒童傳染性紅斑（因症狀發生時會導致兩頰通紅，看起來就像是蘋果般，因此俗稱「蘋果病」）的致病因子，大部分成人感染後病狀不明顯，孕媽咪感染會透過垂直傳播傳染給胎兒。

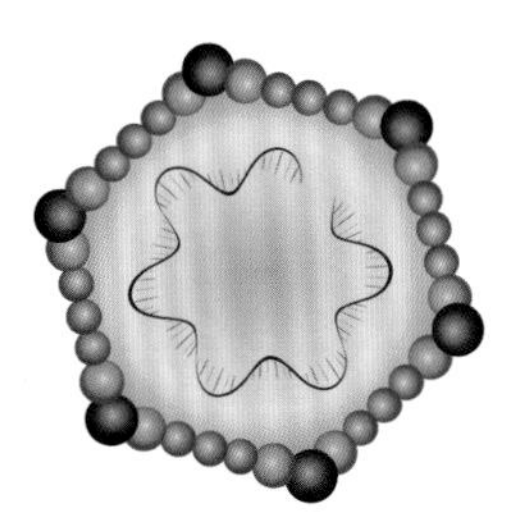
B19病毒

II.孕媽咪感染：

1.孕媽咪感染B19病毒會造成流產、胎兒死亡，及非免疫性胎兒水腫。

2.目前全世界並不推薦常規對孕媽咪進行B19病毒的血清篩查，因為其發生率不高且感染孕媽咪的血清轉化率低，所以只有在出現可疑或確診的B19病毒感染暴露史時，才會進行血清篩查。

7.茲卡病毒（Zika virus）

I.簡介：近幾年有一個受到世人矚目的感染疾病，就是茲卡病毒感染症（Zika virus infection），從2015年起在中南美洲快速擴散，其中巴西甚至出現數千例的新生兒小頭畸形，引起世人重視。

II.傳播：它是由埃及斑蚊叮咬傳播的一種病毒感染，是一種典型的急性傳染病，潛伏期為3～14天，成人感染約20%的人會發病，典型症狀為發燒合併紅疹、全身關節肌肉疼痛等等。

III.孕媽咪感染：最大的問題是它會經由孕媽咪垂直傳染給腹中的胎兒，造成胎兒小頭畸形及小腦症，甚至有五分之一受到茲卡病毒感染的新生兒外表雖正常，但腦部會有神經異常的缺陷。

IV.治療及預防：目前茲卡病毒並沒有抗病毒藥物可以治療，也沒有疫苗可以施打（研發中），目前仍處於無藥可醫的窘境，所以不可不慎！

V.注意事項：

1.如果非必要，孕媽咪應暫緩前往如中南美洲等茲卡病毒感染流行地區，若必須前往，應做好防蚊措施。

2.自茲卡病毒感染流行地區返國後，應自主健康監測至少2週，如果出現疑似症狀應盡速就醫。

3.性伴侶如有流行地區的旅遊史，懷孕期間之性行為均應使用保險套（因茲卡病毒有經由性行為接觸而傳染的案例發現）。

4.如經確診感染茲卡病毒感染症，應每4週定期進行胎兒超音波檢查，以追蹤胎兒的生長情形。

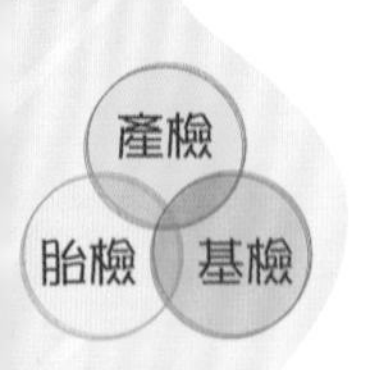

孕媽咪們，以上的解說妳看清楚了嗎？為避免解說過於複雜，以下再給大家整理簡明版的TORCH篩檢懶人包！

TORCH篩檢懶人包

名稱	對胎兒的影響	收費方式
T-弓漿蟲	胎兒水腦、胎死腹中、大腦鈣化、肝脾腫大等	自費
O-其他，如梅毒、水痘、AIDS愛滋病人類免疫缺陷病毒（HIV）、B19病毒等	流產、死胎、胎兒水腫，或產下有先天性梅毒的胎兒	梅毒有健保給付，其他需自費
R-德國麻疹	懷孕期間受到感染易使胎兒發生嚴重畸形，稱為先天性德國麻疹症候群（CRS）	健保給付
*C-巨細胞病毒	子宮內生長遲滯、胎兒過小，及可能造成新生兒智力、聽力、視力受損，即不同程度的失聰、失明；另外會產生肝脾腫大、黃疸、溶血性貧血、大腦鈣化、小腦症（50%～70%）等後遺症，且懷孕時無法診斷，出生後無藥可醫，嚴重時甚至可能導致新生兒死亡	自費（必做）
H-皰疹	生長遲緩、神經性耳聾、大腦皮質萎縮、腿部表皮或骨骼缺陷，肢體發育不全	自費

2 染色體檢查（NIPT或羊膜穿刺）

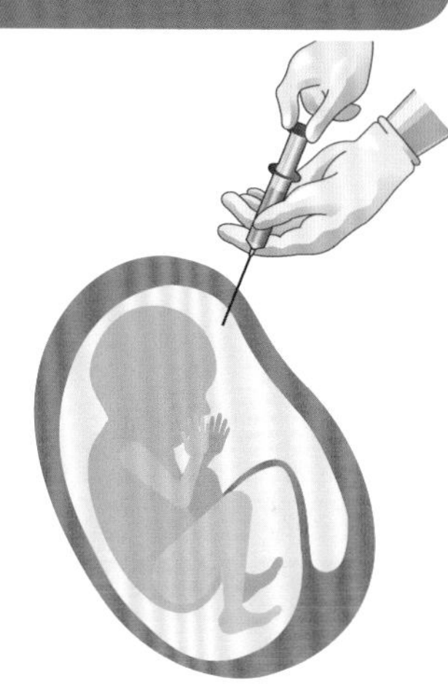

胎兒外觀正常（胎檢正常），也就是結構沒有問題，卻有可能是染色體或基因不正常，而這些問題用過去的產檢方式是檢查不出來的，例如：唐氏兒、海洋性貧血等。

所幸人類的生物科學在近20～30年有了長足的進步，基因解碼了很多染色體及基因異常疾病，這些疾病透過新型態的產檢幾乎已被完全解密。

相關內容可參考本書CH3：
2.一針見真章！——羊膜穿刺（P.54）
3.更安全的篩檢方式——NIPT（無創抽母血胎兒染色體檢查）（P.55）

3 基因晶片檢測（a-CGH）

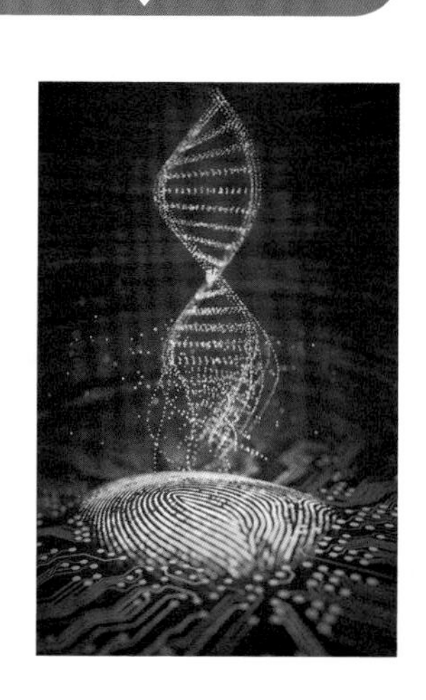

胎兒微小基因片段缺失（microdeletion）大部分屬於先天代謝性罕見疾病，透過基因晶片檢測（a-CGH）可避免胎兒發生出生缺陷。

孕媽咪們做羊膜穿刺或NIPT篩檢時，可以合併做產前基因晶片檢測哦！

- 合併羊水檢查，目前可以檢測300種以上疾病
- 合併NIPT檢查，目前可以檢測10～100種疾病

可篩檢出的疾病種類，目前仍在持續增加中。

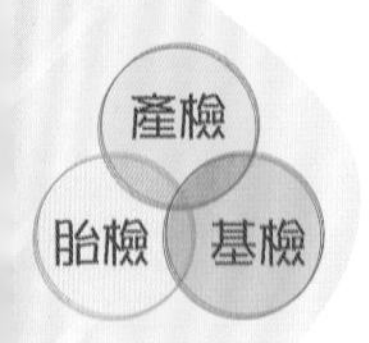

國內目前提供的染色體及基因檢查可分為幾大類：

- ❶單做唐氏症（NGS-DS）——最經濟準確的唐氏症篩檢方式
- ❷13.18.21+性染色體
- ❸全套23對染色體
- ❹微小基因片段缺失（microdeletion）
  - **1項** **5項** **7項** **10項** **84項**

相關內容可參考本書CH3：

4.精準醫學分析——基因晶片檢測（P.57）

4 脊椎性肌肉萎縮症（SMA）篩檢

SMA是一種脊髓運動神經元退化疾病，僅次於海洋性貧血，是發生率排名第二的基因遺傳性疾病，患兒出生時多無症狀，通常在2歲半～3歲時發病，發生率為1/10000。患者發病主要由肌肉無力、進而影響生理功能，且隨著肌肉無力的病程進展，逐漸出現慢性呼吸衰竭、吞嚥及營養攝取困難、脊椎側彎及行動能力受限等問題，就好像「早發性漸凍人」，通常3歲以前就會因呼吸衰竭而死亡。2016年有首支SMA新藥問世，1支245萬元，使SMA治療露出曙光。

檢測方式：抽血檢測（2～3cc），約2～3個星期可得知檢測結果。

相關內容請參考本書CH3：

2.脊椎性肌肉萎縮症（SMA）（P.72）

5 X染色體脆折症（Fragile X Syndrome）篩檢

X染色體脆折症是最常見造成遺傳性智能障礙的疾病，是發生率排名第三的先天性基因異常疾病，其病因是X染色體上的FMR1基因產生突變，導致FMR1蛋白質的製造量減少。由於FMR1蛋白質是腦部維持正常神經傳導所必需，缺乏時會使腦細胞彼此的聯結出現異常，患者可無症狀，但卻會遺傳。

產前篩檢可檢測胚胎是否遺傳到異常的X染色體脆折症基因，此篩檢所需檢體為少量的週邊血血液。

檢測方式：抽母血檢測（2～3cc）

檢驗結果約2週內可得知，準確率為99%。

臨床上，SMA和Fragile X Syndrome可以合併檢查，比較經濟方便。

相關內容請參考本書CH3：
3.X染色體脆折症（Fragile X Syndrome）（P.75）

6 先天性腎小管發育不全症（RTD）篩檢

RTD的遺傳模式屬於自體隱性遺傳，是發生率排名第四的先天性基因異常疾病，會導致新生兒生長遲緩、腎功能衰竭，甚至死亡。

RTD的特徵為：產前高層次超音波看不出腎臟異常，與正常腎臟的影像一致，胎檢檢查不出來，因此必須要做基因篩檢（基檢）才能診斷，是近年新發展出來的罕病篩檢項目。

相關內容請參考本書CH3：
4.先天性腎小管發育不全症（RTD）（P.77）

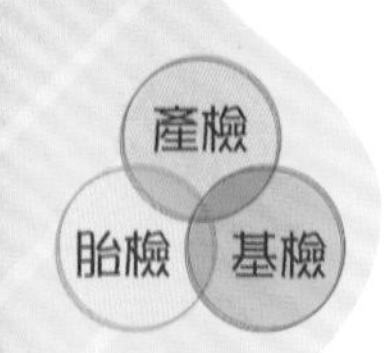

7 子癲前症（妊娠毒血症）篩檢

I.早期子癲前症篩檢

1.這個檢查很重要，子癲前症雖然不會直接導致胎兒畸形，卻是造成孕媽咪及新生兒死亡的最主要原因。

2.子癲前症（Preeclampsia）又稱妊娠毒血症，指孕媽咪原本血壓正常，但在懷孕20週以後出現高血壓合併蛋白尿及全身性水腫的現象，嚴重時會影響孕媽咪的肝腎功能、血小板下降，甚至生命都可能受影響。

在眾多產科併發症中，對孕媽咪與胎兒潛在危險最大的就是子癲前症，小於34週發生的「早發型子癲前症」，更是造成孕媽咪、新生兒發病及死亡的最主要原因。

3.早期子癲前症風險評估篩檢

❶在懷孕早期（11～13週）藉由抽取孕媽咪的血液檢測胎盤生長因子（PIGF）與懷孕相關蛋白質A（PAPP-A），就可以篩檢出80%以上的早發型子癲前症。

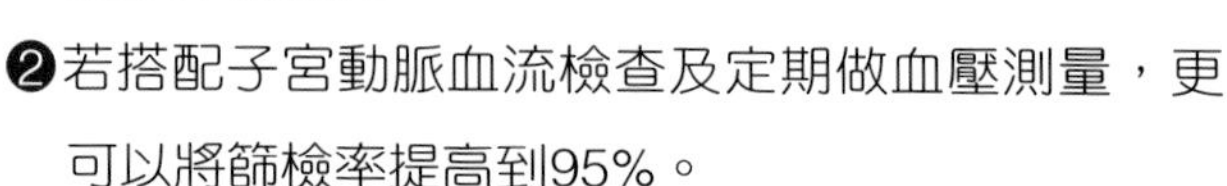

❷若搭配子宮動脈血流檢查及定期做血壓測量，更可以將篩檢率提高到95%。

❸預防：有潛在風險（高風險）者可以藉由服用阿斯匹靈做早期預防性治療，可大大減少發病機率，這項醫學突破對孕媽咪來說真是一大福音！

❹建議：所以建議孕媽咪也必須要做這項檢查，尤其是體重高於60公斤的孕媽咪。

II.中晚期子癲前症風險暨胎盤功能檢測

如果孕媽咪錯過了子癲前症早期風險評估的時間，可以在懷孕20週以後進行「中晚期子癲前症風險暨胎盤功能檢測」，利用孕媽咪血液中sFlt-1/PIGF的比值來判斷胎盤功能不良的程度，及未來一個月內發生子癲前症的風險。

1.若sFlt-1/PIGF的比值＜38，代表孕媽咪未來一個月內發生子癲前症或相關併發症的機率極低。

2.相反的，若sFlt-1/PIGF的比值＞38，則建議孕媽咪應依醫師指示作後續嚴密的追蹤治療。

關於「妊娠毒血症」，本書後文CH6 P.122會有詳細解說。

子癲前症（Pre-eclampsia）風險評估篩檢懶人包

項目	早期子癲前症風險篩檢		中晚期子癲前症風險篩檢	
1.檢測時間	懷孕8～13週又6天		懷孕20～36週又6天	
2.檢測方式	抽取孕媽咪血液檢測		抽取孕媽咪血液檢測	
3.檢測指標	胎盤生長因子（PIGF）及 懷孕相關蛋白質A（PAPP-A） 搭配子宮動脈血流檢查		可溶性血管內皮生長因子受體1（sFlt-1）／胎盤生長因子（PIGF）的比值	
4.檢測結果	低風險	高風險	低風險（<38）	高風險（>38）
5.檢測內容		1.子癲前症機率 2.胎兒生長遲滯機率		1個月內發生子癲前症機率
6.處理	定期產檢	口服阿斯匹靈 早期預防治療	定期產檢	嚴密量測血壓 追蹤治療

CH 5 營養缺失導致寶寶缺陷——孕媽咪不能缺少的關鍵營養素！

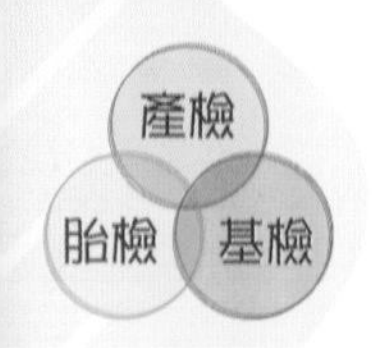

1 生命前1000天的營養，決定孩子的未來

懷孕期間，孕媽咪的營養狀況會影響胎兒器官組織的發育，這些發育一旦完成，將決定孩子未來的體質，甚至影響寶寶一生的健康。聰明的孕媽咪，在生命的前1000天照顧好自己與寶寶的營養，才能為孩子的未來打造穩固的基礎。

「都哈理論」（DOHaD）是近年來國內外專家通過大量流行病學研究後提出的一個關於人類疾病起源的醫學新概念，它解釋了人類疾病的生態模式，簡單的說，就是從受孕到寶寶2歲之間，這關鍵的1000天決定了人類罹患慢性病的機率，它已經成為成年期慢性疾病病因研究的重要基礎，為心臟病、糖尿病、高血壓等疾病的研究提供了一個全新視角。

懷孕期270天 + 嬰兒出生後第1年365天 + 出生後第2年365天 =1000天

（延伸閱讀：《都哈新觀念，培養最強DNA》，鄭忠政等著，金塊文化出版）

生命的前1000天，決定寶寶一生的健康

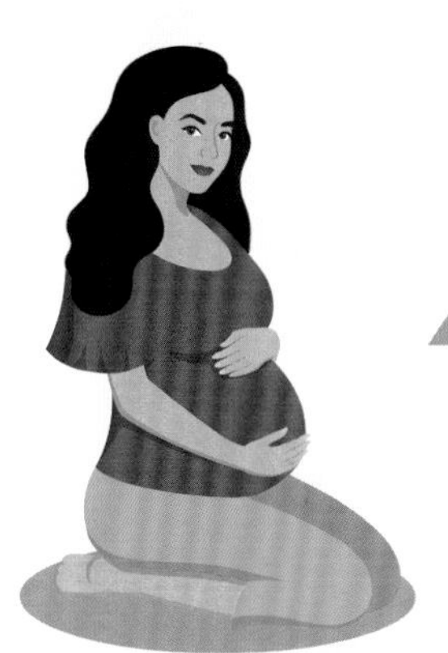

1.先天基因　2.營養（食補，藥補，運動）　3.環境（胎教）

注：2歲時的身高=成人身高的1/2

嬰兒

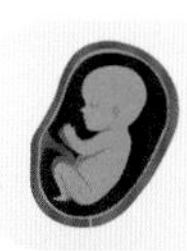

胚胎、胎兒器官、組織發育關鍵期

媽媽

孕期體重適當增加　產後瘦身

兩次懷孕間隔時間≧2年

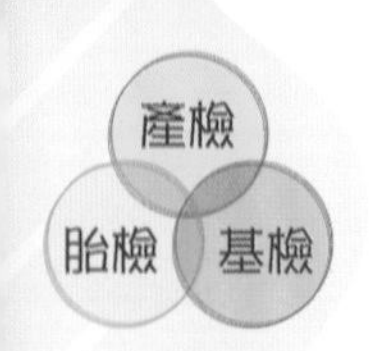

2 能吃不是福，孕期體重要控制！

根據統計，不論人種，整個懷孕過程孕媽咪體重增加12～15kg是標準的，如果增加超過20kg，懷孕的併發症就可能會增加。

●孕媽咪孕期體重增加標準

孕期	增加體重
第一孕期（第1～13週）	約2～3kg
第二孕期（第14～26週）	約4～5kg
第三孕期（第27～39週）	約6～7kg

整個孕期體重約增加12～15kg

●孕期營養攝取與孕期理想體重增加建議

	熱量	孕期理想體重增加建議		
成年女性	1700卡/天	體重偏輕	標準體重	體重偏重
第一孕期（前3個月）	＋0卡/天	前12週共增加3kg	前12週共增加2 kg	前12週共增加1 kg
第二孕期（4～6個月）	+300卡/天	每4週共增加2 kg	每4週共增加1.5 kg	每4週共增加1 kg
第三孕期（7～9個月）	+300卡/天	每4週共增加2 kg	每4週共增加1.5 kg	每4週共增加1 kg

3 孕期這樣吃，媽媽才健康

孕媽咪在孕期的營養補充很重要，如果飲食不均衡或攝取的營養素種類過少，免疫力就會降低，不只會提高流產風險，胎兒發育異常的機率也會提高；吃對了，就能提升孕媽咪的免疫力，只有免疫達到平衡，才能維持母體與胎兒的健康，為寶寶一生的免疫力打好基礎！

● 孕期營養建議

	第一孕期（1～13週）	第二孕期（14～27週）	第三孕期（28～39週）	哺乳期
熱量	1500～1800大卡	+300大卡	+300大卡	+500大卡
蛋白質	+10 g	+10 g	+10 g	+15 g
關鍵營養素	維生素B群、葉酸、維生素B_{12}、鐵質（15毫克/天）	鈣質、維生素D_3、維生素B群、DHA、鐵質（15毫克/天）	鐵質（45毫克/天）、DHA、維生素B群、鈣質、維生素D_3	鐵質（45毫克/天）、鈣質、維生素D_3、DHA

- 葉酸（懷孕16週前）：防止胎兒畸形
- 維生素B_6：改善孕吐
- DHA（懷孕20週後）：促進胎兒腦部發育
- 維生素D+鈣：增進胎兒骨骼發育（有助胎兒日後身高發展），改善孕媽咪抽筋
- 鎂+鈣：鎂鈣平衡，改善孕媽咪抽筋

提醒：營養素及補充品需求依個人狀況有所不同！

均衡飲食是健康的基礎

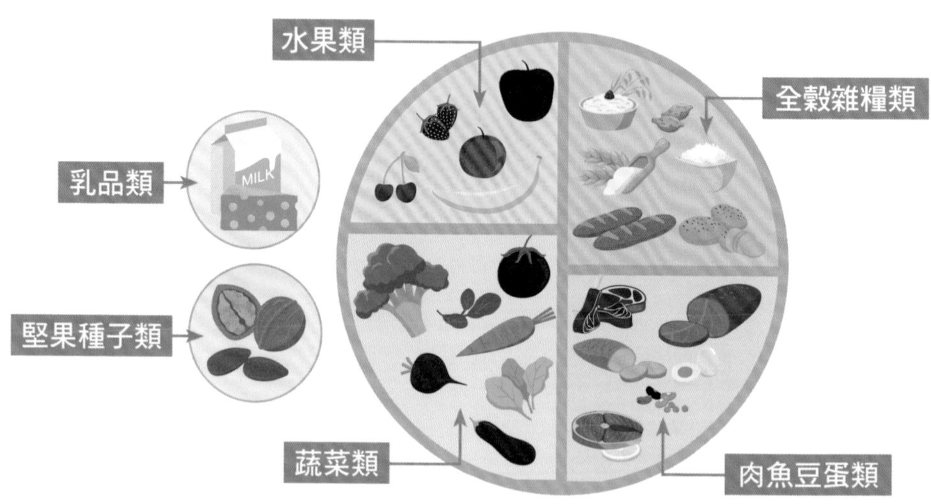

衛生福利部
《我的餐盤》

榜生婦幼聯盟頻道
(營養師說明影片)

營養不良高風險族群

1.體重上升過快（0.5kg/週）
2.食物耐受性差
3.外食族
4.孕前體重過輕（BMI<18.5）
5.孕前體重過重（BMI>25）
6.乳糖不耐症（無法攝取乳品）
7.全素飲食

營養狀態相關檢測

1.血液、尿液常規檢查
2.海洋性貧血
3.甲狀腺功能篩檢
4.孕母血中維生素D_3含量檢測
5.葉酸代謝基因檢測
6.妊娠糖尿病篩檢

4 孕期這樣吃，寶寶頭好壯壯

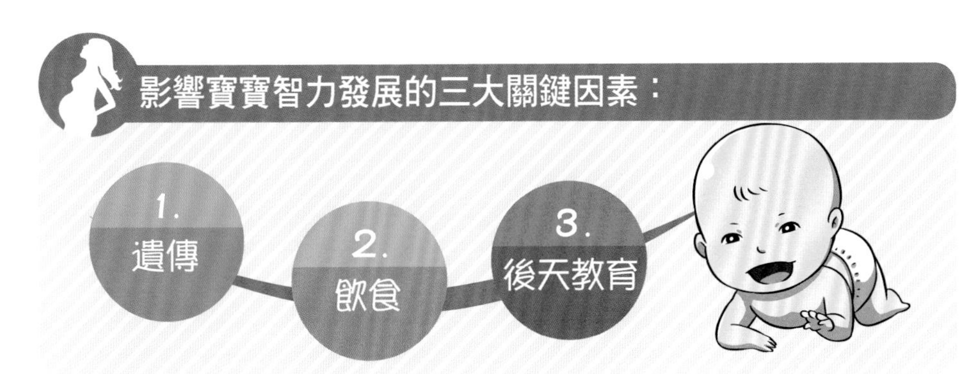

影響寶寶智力發展的三大關鍵因素：
1. 遺傳
2. 飲食
3. 後天教育

孕媽咪的飲食會影響胎兒智力

孕期攝取均衡完整的營養是幫助胎兒健康成長的第一步。「都哈理論」指出，胎兒的營養狀況會對未來的生長、發育及代謝產生影響，懷孕期間營養不足或營養過剩，都可能對寶寶未來的健康產生負面影響。

寶寶的飲食也會影響智力

人類腦部生長在幼童時期最為快速，一般成人腦部在3歲時已發育達80%，年齡愈小，消耗在大腦的熱量就愈大。3歲左右的兒童所攝取的營養幾乎有一半消耗在大腦上，由此可知，幼年時期營養不良對腦部發育具有重大影響。

在寶寶成長發育如此迅速的階段，提供寶寶足夠的食物及營養（食物≠營養）是非常重要的。嬰兒所需的熱量較成人多，除了供應體內各器官組織的運作與肌肉動作所需，生長亦需要相當多的熱量。這時期，寶寶需要大量且優質的蛋白質，提供包括腦、骨骼、牙齒、血液等發育所需，對於各類維生素的需求亦較成人多。

對寶寶智力發育有益的食物

把握黃金期的營養照顧，
寶寶將終身受益。

食物種類	所含營養素	功效
小米	含豐富的蛋白質、脂肪、鈣、鐵、維生素B等	有「健腦主食」之稱
雞蛋	含豐富的卵磷脂	可提高兒童的記憶力和學習能力
大豆	・含豐富的優質蛋白和不飽和脂肪酸 ・卵磷脂、鐵及維生素	・是腦細胞生長和修補的重要養分 ・可增強和改善記憶力
魚類	含有球蛋白、白蛋白及大量不飽和脂肪酸，還含有豐富的鈣、磷、鐵及維生素等	可增強和改善記憶力
蝦皮	富含鈣	足量攝取可幫助大腦處於最佳工作狀態
牛奶	富含鈣	有調節神經、肌肉的興奮性功用，利於改善認知能力
核桃	富含不飽和脂肪酸	構成人腦細胞的物質中有60%是不飽和脂肪酸，對大腦的健康發育很有好處
大棗	富含維生素C	加強腦細胞蛋白質功能，促進腦細胞興奮，使大腦功能敏銳

 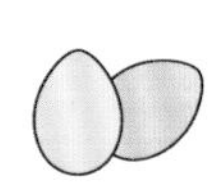   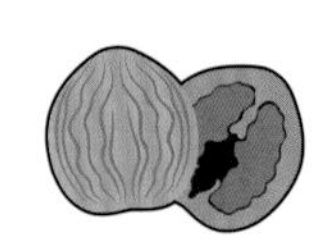 

5 真的，胎教能改變基因！

「胎教」並不單指播音樂、說故事給寶寶聽，培養寶寶的文藝氣質，而應該指孕期的一些特殊干預，可能對媽媽及寶寶產生即期或遠期的影響，所以胎教不只是培養氣質或藝術氣息，還會影響寶寶的生理及智力發育，甚至連基因都會改變。

其實，凡是對胎兒發育有益的事都可歸入胎教的範疇，大到懷孕前的心理準備、環境改善、情緒調節，到聽音樂、散步、和寶寶說悄悄話等，都可算是胎教。要給寶寶好的「胎教」，以下這些事孕媽咪不可不知道！

1.胎教做好了，寶寶長大一定是神童？

提倡胎教並不是因為胎教可以培養神童，而是胎教可以發掘個人的素質潛能，讓每個寶寶的先天遺傳素質獲得最好的發展。如果胎教能與出生後的早期教育適當結合，寶寶將來必然會更優秀。

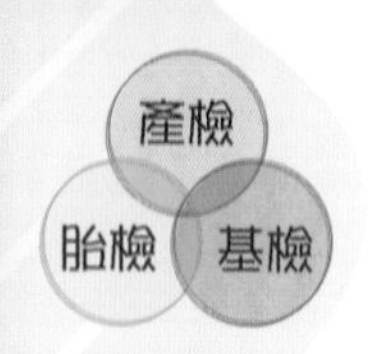

2.胎教就是給胎兒聽音樂？

孕期適當聽音樂是好的，但要講究內容和方法，如選擇適當的音樂種類和在適當的時間聽，並要注意音頻的高低及音量的大小。

完整的胎教還應包括：運動胎教、精神胎教、美術胎教、語言胎教、燈光胎教、環境胎教等。

3.胎教就是教胎兒唱歌、說話、算算術？

胎教的根本目的不是教胎兒唱歌、認字、做算術，而是通過各種適當的、合理的資訊刺激，促進胎兒各種感覺功能的發育，為出生後的早期教育（即感覺學習）打下良好基礎。

4.胎兒沒有意識，胎教有用嗎？

研究證明，胎兒4個月時就已經具備全方位的感知能力，也就是具備了「受教育」的能力，但這種「教育」不同於幼兒園和學校教育，主要是根據胎兒各時期的發育特點，有針對性地、積極主動地給予各種資訊刺激，促進胎兒身心健康發育，最大限度發掘胎兒的智力潛能，為寶寶出生後的早期教育奠定良好基礎。

5.胎教從懷孕後開始？

真正的胎教應該從懷孕前，甚至是婚前即已開始，如進行婚前檢查，瞭解雙方的生理功能等。

計畫懷孕時要選擇理想的受孕季節和時間，保持良好的心情，避免不良因素的干擾，也要考慮居家、工作環境對受孕和胚胎發育的影響；另外，各式染色體及基因檢測也能幫助「預防出生缺陷，孕育健康寶寶」。

6.胎教應順其自然，不需計劃？

制訂一個從婚前、計畫懷孕到懷孕期間的胎教總計畫是非常必要的，孕媽咪應該每天合理、有規律地對胎兒進行胎教，以培養寶寶良好的生活規律。

7.胎教是孕媽咪一個人的事？

當然不是，胎教要靠全體家庭成員共同投入，特別是準爸爸，首先要幫助孕媽咪穩定情緒，注意言行，不要和孕媽咪吵架，懷孕真的很辛苦，要多關心體貼她們。

胎教不難，它是一種充滿幸福甜蜜的感覺，要把它融合在生活中才能產生潛移默化的效果哦！

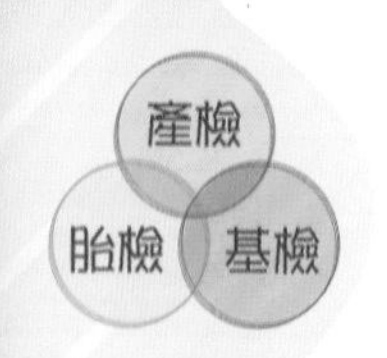

6 孕期一定要補充的營養素

作為婦產科醫師，肩負著為孕媽咪健康把關的重大任務，多年的執業經驗，與無數的孕媽咪交流，分享她們的喜悅，為她們解除身體的不適，也為她們解答各種關於懷孕的疑難雜症，其中，最常被問到的問題就是：

「醫師，哪些營養品應該花錢買來吃？」

筆者認為，至少有三大類營養品是孕媽咪必須花錢買來吃的，分別是：

1.葉酸

2.DHA

3.維生素D_3+液態鈣

基本上這些營養素都是正常飲食中容易攝取不足，且缺乏時會對胎兒造成重大影響，所以才必須額外花錢買來補充。

現代人生活條件好了，加上生育子女數變少，一人懷孕，常常是五人（先生、父母、公婆）操心，只要聽說哪樣東西吃了對孕媽咪好、對胎兒好，就不惜重金添購，逼著或說服孕媽咪吃，真是苦了這些孕媽咪！

其實，如果日常飲食能均衡攝取各類食物來源，包括：全穀雜糧類、蔬菜類、豆魚蛋肉類、乳品類、水果類、油脂與堅果種子類，就足夠提供身體正常運作所需，但懷孕畢竟是特殊情況，除了孕媽咪本身，還要供給腹中的胎兒營養，所以，適當補充以下的營養品，更有利孕媽咪及胎兒的健康與發育哦！

1.綜合維他命

孕媽咪維生素的需求量會隨著熱量與蛋白質的增加而提高，初期可以從均衡飲食做起，再依醫師、藥師指示，適量補充以下各類綜合維他命。

維生素B_1：食物來源有小麥胚芽、堅果、瘦豬肉、肝臟、大豆製品等。

維生素B_2：食物來源有牛奶、乳製品、強化穀類等。

維生素B_6：食物來源有各種肉類、全穀類等。

維生素B_{12}：缺乏維生素B_{12}可能導致胎兒神經發育缺損，食物中以肝臟、肉類含量較豐富；若為全素者，可攝取紫菜、海帶作為補充。

維生素D_3：越來越多研究指出，維生素D_3對孕媽咪相當重要，如果體內含量不足，不僅可能提高早產的機率，對於胎兒健康也存在許多負面影響，建議選擇非活性D_3的補充品，每日補充劑量為400～600IU，但每日不可超過2000IU。

目前，世界衛生組織（WHO）規定，孕婦應該常規檢查體內骨化二醇（維生素D_3）的含量（參閱本書P.27及P.33），現代人較少曬太陽，活動也不足，絕大多數的孕媽咪都有維生素D_3缺乏的情形，必須額外花錢買來補充。維生素D_3不只對孕媽咪非常重要，搭配補充液態鈣，還能增進胎兒骨骼發育，且對日後身高發展有重大影響，是孕媽咪重要且必須要補充的營養素。

2.葉酸

葉酸又稱維生素B_9，食物來源如綠色蔬菜、肝臟、豆類及水果類等。缺乏葉酸可能造成新生兒神經管缺損，依據美國實證研究顯示，孕媽咪攝取足夠葉酸可減少50～70%先天性神經管缺損的發生。

由於葉酸的食物來源較少，建議育齡婦女每日攝取400微克葉酸，特別是有懷孕計畫的女性，建議從孕前3個月開始每日補充600微克葉酸，懷孕期間則提高至每日800微克。

近年來研究發現：人類口服葉酸（folic acid）後，葉酸進入腸道，必須在腸道中代謝為活性態葉酸（5-MTHF）才能進入人體肝門靜脈中作用，未代謝的葉酸積存在人體內不僅無法利用，反而會降低孕媽咪的免疫功能，甚至

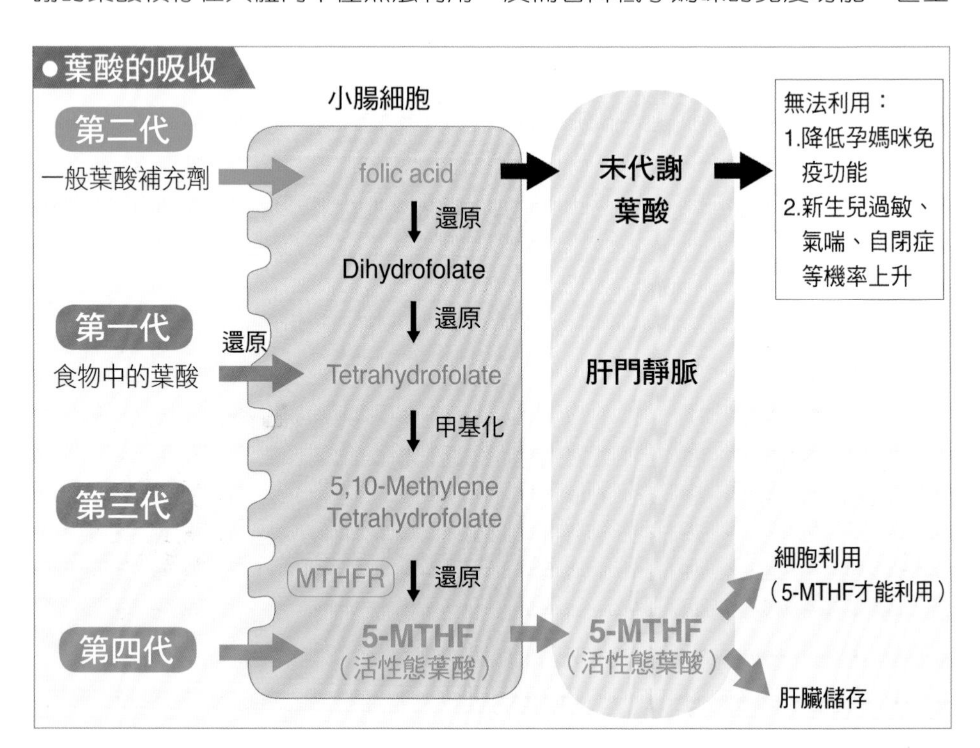

有文獻報導會引起新生兒過敏、氣喘、自閉症等情況發生。

因此，做葉酸代謝基因檢測就有其必要性。有葉酸代謝基因異常的孕媽咪，可直接選擇口服新型態活性葉酸（5-MTHF），無須代謝、直接作用，不會產生未代謝葉酸，更有效、更安全，避免過多未代謝葉酸積存在體內的困擾。

孕媽咪可以接受葉酸代謝基因的檢測（參閱本書P.27及P.32），避免葉酸代謝異常，增加胎兒神經管缺損的風險。

註：胎兒的神經管於懷孕第16～18週時就發育完成，所以葉酸補充到懷孕滿18週就可以停止，滿18週以後開始改服用DHA。

3.DHA

DHA屬於omega-3系列的不飽和脂肪酸，對於寶寶大腦及視網膜發育來說相當重要，與嬰幼兒認知功能的發育也有密切相關，建議懷孕及哺乳期都要補充。

食物來源如魚類（秋刀魚、沙丁魚、鮭魚等）、蛋黃等，不過要藉由每天吃魚來補充DHA並不容易，因為食物含量都不夠，因此孕媽咪可以吃魚油、藻油等保健食品來替代，建議每日EPA+DHA需補充300毫克，或每日omega-3補充1000～2000毫克。

因為食物中的含量不足，而DHA又是寶寶腦細胞發育非常重要的微量元素，不能不足，所以必須額外花錢買來補充，建議從懷孕滿18週吃到寶寶出生。

4.礦物質：碘、鐵、鈣、鎂

碘：（食物中就有）懷孕時若碘嚴重不足，可能會影響胎兒的腦部發展，造成新生兒生長遲緩及神經發育不全。建議孕期每天補充200微克、哺乳期每天補充250微克碘，可於烹調食物時使用加碘鹽，或是從海帶及海藻等碘含量豐富的天然食物中攝取。

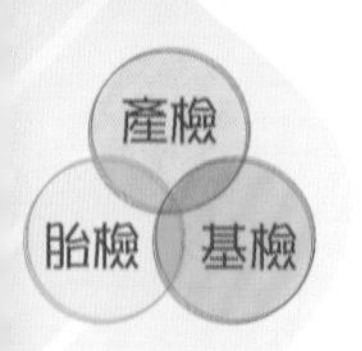

鐵：（食物中就有）孕期不可或缺的營養素之一，孕媽咪體內鐵質不足可能對胎兒腦部及精神狀態造成不良影響，天然食物如紅肉、深綠色蔬菜、豆類等都富含鐵質。

懷孕前至懷孕6個月內，建議攝取量為每天15毫克；懷孕6個月以後至哺乳期，攝取量建議增加為每天45毫克。

鈣：（食物中不足）鈣質是建構骨骼及牙齒的重要元素，補充足量的鈣質不僅對胎兒發育有幫助，更可預防孕媽咪發生子癲前症。

建議孕媽咪補充最容易被人體吸收的液態鈣，最好採維生素D_3+液態鈣搭配一起補充，對孕媽咪及胎兒最好，尤其對胎兒骨骼發育和日後身高發展都有重大影響，因此，值得花錢買來吃。

孕媽咪每日的鈣建議攝取量為1000～1500毫克，尤其到了孕晚期（27～28週），正值寶寶骨骼與牙齒快速發育階段，鈣質的補充更是重要。

富含鈣質的食物有牛奶、乳製品、豆腐、深綠色蔬菜等，也可透過補充鈣片的方式更精確地攝取足夠的需要量。

在選購這些營養補充品時一定要認明是「孕媽咪專用」，除了能補充足夠的劑量，也對孕期健康更有保障。

鎂：目前研究證實，孕媽咪抽筋不只是單純的缺鈣而已，而是鈣鎂的比例不平衡，只單純補鈣效果並不好，所以孕媽咪懷孕7個月時若有抽筋現象，除了補鈣，還要補充鎂離子，可以花錢買鎂離子來吃，或是市售的鎂日喝礦泉水也是不錯的選擇。

孕期營養懶人包

孕媽咪必須花錢買來吃的營養補充品

營養補充品	時間		作用
1. 葉酸	從懷孕前3個月到懷孕滿18週		預防胎兒神經管缺損
2. DHA	從懷孕滿18週到寶寶出生		寶寶腦細胞及視網膜發育的重要微量元素
3. 維生素D_3+液態鈣	從懷孕中期到寶寶出生		防止孕媽咪抽筋及預防子癲前症，增進胎兒骨骼發育和日後身高發展
4. 孕媽咪奶粉	整個懷孕期間		全面營養補充

*孕媽咪奶粉含有葉酸、亞油酸、鈣、維生素等重要營養素，主要是為備孕和懷孕女性所設計，可以在保證母體健康的同時，也利於胎兒在骨骼、視力、大腦的全面發育。這類奶粉絕大多數採低乳糖配方，因此不用擔心會影響血糖穩定。

CH 6

一定要知道的孕期高危疾病

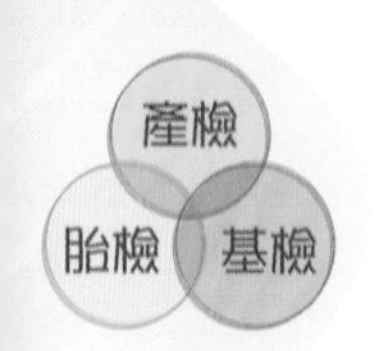

女性懷孕期間由於內分泌紊亂，使得疾病容易趁虛而入，而孕期高危疾病也會導致寶寶出生缺陷，所以孕媽咪一定要加倍注意自身的健康，才能避免發生各種妊娠疾病，也才能「預防出生缺陷，孕育健康寶寶」。

孕期常見可能對母體及胎兒造成生命威脅的高風險疾病包括：

- 妊娠糖尿病
- 妊娠高血壓
- 新冠肺炎

1 妊娠糖尿病（GDM）

一. 定義：

1.婦女在懷孕前沒有糖尿病，在懷孕過程中血糖升高變成糖尿病叫做妊娠糖尿病（Gestational diabetes mellitus）。

2.婦女在懷孕前就有糖尿病，稱之為慢性糖尿病。

二. 病因：

懷孕時胎盤會分泌許多荷爾蒙，這些荷爾蒙會造成胰島素降血糖的作用變差（胰島素阻抗），進而使孕媽咪血糖升高，連帶血脂也會上升，導致妊娠糖尿病，使孕媽咪血糖升高。大多數孕媽咪對血糖升高能適時反應，也就是讓體內產生更多的胰島素使血糖下降，以維持正常的血糖濃度，但少數孕媽咪胰島素製造不足，加上孕媽咪體重增加、血脂上升，以致經常處於高血糖狀態，即為妊娠糖尿病。

三. 說明：

因懷孕才引起的糖尿病叫妊娠糖尿病，妊娠糖尿病與一般糖尿病的症狀類似，如吃得多、喝得多、尿得多等，或有噁心想吐、易疲倦等情形，也容易因水腫而使體態變得臃腫。所以，孕期如果變胖不一定是正常現象，要警惕有可能是罹患妊娠糖尿病。

約有1%～3%的孕媽咪會發生妊娠糖尿病，台灣地區妊娠糖尿病發生率更高達2.36%～3.8%。

四. 胎兒風險：

1.出現巨嬰（大於4000公克），生產時容易發生包括骨折、肩難產、神經傷害等併發症。

2.新生兒出生後易有黃疸及低血糖。

五. 孕媽咪風險：

1.血壓上升，易有子癲前症及早產。

2.妊娠糖尿病患者在產後血糖大多（超過九成）會恢復正常，但是有過妊娠糖尿病的孕媽咪，將來發生慢性糖尿病的機率會增加許多哦！（五成，風險是沒有妊娠糖尿病孕媽咪的7.4倍）

妊娠糖尿病好發族群：

1.家族成員有糖尿病或高血壓病史

2.曾發生早產、流產、胎兒先天畸形或胎兒宮內死亡等情形

3.懷孕前體重過重、肥胖、缺乏運動、BMI值>26的孕媽咪

4.產檢時發現胎兒有過大或羊水過多的情況

5.超過35歲的高齡孕媽咪

6.前胎懷孕期間曾有妊娠糖尿病

六. 妊娠糖尿病篩檢方法：

1. 早期篩檢（第一孕期GDM screening test）

檢查時機：懷孕第8週

檢查對象：高危險性孕婦必須做，如肥胖（BMI＞25）、多囊性卵巢、高血壓患者、前一胎血糖異常、有巨嬰史、近親有糖尿病者。

檢查項目：❶ 空腹血糖值（禁食8小時）

❷ 糖化血色素（HbA1c），顯示懷孕前3個月的平均血糖值

結果：❶ 正常值（<5.1%）。

❷ HbA1c每上升0.1%就會增加22%的機會得到妊娠糖尿病。

❸ ＞5.3%，要飲食控制，早期治療。

研究顯示，等到第二孕期（第24～28週）才診斷出妊娠糖尿病並開始控制血糖，已失去治療先機。早期偵測可早期控制，確保母嬰健康。

2. 中期篩檢（OGTT，口服葡萄糖耐糖試驗）

檢查時機：懷孕第24～28週進行

方法：空腹（禁食8小時以上）喝75克葡萄糖水，測3次血糖

0小時：92mg/dl（空腹血糖）

1小時：180 mg/dl

2小時：153 mg/dl

任何一次血糖值超過，即可診斷為妊娠糖尿病。

★ **慢性糖尿病**

如果：❶ 空腹血糖≧126 mg/dl

❷ 2小時≧200 mg/dl

則為慢性糖尿病，需進一步做醫療處理。

★ 因為妊娠糖尿病的病患大多肥胖，通常會合併胰島素阻抗及血脂上升，建議同時做這二項檢查：

❶ 胰島素阻抗（HOMA-IR）

❷ 血脂TG（三酸甘油酯）

因為妊娠糖尿病篩檢（OGTT）只能知道目前血糖的數值，不能知道實際身體狀況及將來是否會變成慢性糖尿病？而胰島素阻抗的指數（HOMA-IR）檢測，可評估胰島素代謝血糖的能力，進一步預測妊娠糖尿病的風險。

只有「胰島素阻抗指數+血脂指數」，能知道身體實際狀況；也唯有結合三合一測量「胰島素阻抗指數+血脂+OGTT」，才能真正了解妊娠糖尿病的全貌，而給予適當的處置和治療。

註：OGTT本來是自費檢查，自2021年7月1日開始，已納入全民健保給付項目。

●表：胰島素阻抗（HOMA-IR）

檢查意義：可協助評估胰臟穩定血糖的能力，是糖尿病早期檢測指標之一

胰島素阻抗指數（HOMA-IR）	≦1.4	正常
胰島素阻抗指數（HOMA-IR）	1.4～2.0	輕微胰島素阻抗
胰島素阻抗指數（HOMA-IR）	2.0～2.6	中度胰島素阻抗
胰島素阻抗指數（HOMA-IR）	>2.6	高度胰島素阻抗

七. 怎樣避免妊娠糖尿病？

1.注意熱量攝取：懷孕前3個月飲食不需特別增加熱量，懷孕中、後期每日飲食應增加300大卡熱量。

2.少量多餐：空腹時間過久易因血糖過低而產生酮體，這會影響胎兒健康，建議將每日進食分為5～6次，最好在睡前再吃1次點心，避免讓空腹時間過長。

3.吃低GI（升糖指數）食物：主食建議以全穀類取代白米，醣類的攝取則儘量以複合式碳水化合物為主，避免吃單醣及精製食物，才能有效控制血糖。

4.補充適量蛋白質：優質來源如蛋、豆類、魚、肉、奶類；攝取動物性蛋白質時建議以瘦肉為主，避免攝入過多油脂，奶類也不可喝過量。可考慮服用肌醇。

5.適度運動。

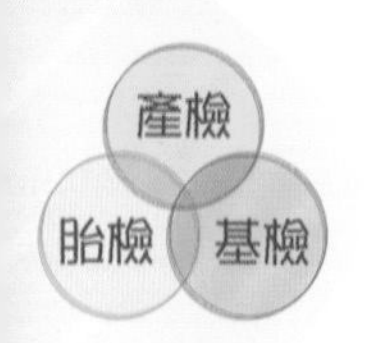

2 妊娠高血壓（PIH）／子癲前症（Pre-eclampsia）

一. 前言：

妊娠高血壓的發生率約佔孕媽咪人數的7%，是最常見的孕期疾病，它對於孕媽咪和胎兒潛在的危險極大。如果沒有及時治療，一旦引發子癲前症，使生產過程中孕媽咪痙攣或抽搐，則會造成孕媽咪或胎兒的死亡。因此，早期診斷控制血壓與選擇適當的時機分娩就非常重要。

目前已有早期篩查診斷以及預防的方法，是人類一大福音。

二. 定義：

血壓上升是妊娠高血壓最主要的症狀。

1. 血壓上升達140/90 mmHg以上，或是與基準血壓以較，收縮壓上升30mmHg、舒張壓上升15mmHg以上時，就可以診斷為妊娠高血壓。
2. 若是妊娠高血壓外加水腫、蛋白尿或兩者均出現時，則稱為子癲前症（Pre-eclampsia）。

三. 分類：

一般可分為四類：

1.妊娠高血壓：因懷孕而引起的高血壓，指的是妊娠20週以後才出現，或是產後24小時內出現的高血壓，沒有合併水腫或蛋白尿，通常在產後10天內恢復為正常血壓。

2.慢性高血壓：懷孕20週之前或懷孕前就有高血壓，且持續到產後6週以上。

3.子癲前症或子癲症：

❶ 妊娠20週以後才出現高血壓，同時至少伴有蛋白尿或水腫的症狀之一時，稱為子癲前症（Pre-eclampsia），或稱為妊娠毒血症。

❷ 當子癲前症孕媽咪出現有痙攣或昏迷症狀，就成為子癲症（Eclampsia）。

子癲前症是指懷孕 20 週之後出現了高血壓，且合併蛋白尿或水腫的現象

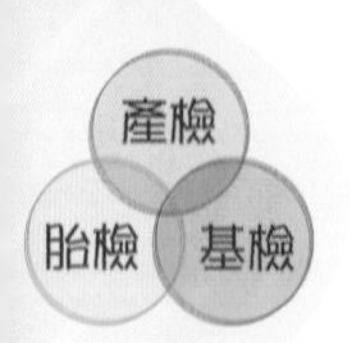

4.慢性高血壓引發子癲前症：本身有慢性高血壓的孕媽咪，懷孕20週後才出現蛋白尿或水腫，病症和病程都會更嚴重，要更密集追蹤。

四. 胎兒風險：

孕媽咪發生高血壓的時間愈早，對胎兒的影響就愈嚴重，因為胎盤與臍帶的循環不好，營養供應不足，因此會造成胎兒子宮內生長遲滯、低體重、胎兒窘迫，及早產的機會增高，此外，胎盤早期剝離的發生率也會上升。

五. 孕媽咪風險：

1. 一般症狀為全身性水腫、蛋白尿、噁心、嘔吐、頸部僵硬，甚至視力模糊、眼壓上升造成視網膜剝離。
2. 一旦併發子癲症（全身性抽搐）或HELLP症候群（溶血、肝功能異常、血小板下降），會危及孕媽咪及胎兒的生命安全。

註：HELLP症候群：是妊娠高血壓（PIH）最重要的併發症，有學者將此作為單一分類。罹此症時孕產婦會有溶血現象、肝功能異常、血小板下降，處於非常危險的狀態，應考慮立即中止妊娠。

哪些人容易發生妊娠高血壓？

1. 初產婦
2. 有高血壓家族史
3. 曾發生妊娠高血壓
4. 多胞胎懷孕
5. 懷孕期間有糖尿病
6. 本身已有高血壓或腎臟疾病
7. 高齡（35歲以上）孕媽咪
8. 胎兒水腫及羊水過多

六. 如何治療：

重點就是「**安度孕期**」。孕媽咪應謹守生活與飲食的注意事項，維持身心放鬆，保持心情愉悅，睡覺時以左側臥為宜，可減低胎兒的併發症。

1.每次產檢都要測量血壓及檢查尿蛋白，以期能早期發現並及早治療。

2.一旦血壓出現異常，孕媽咪就必須自行監測血壓（早晚各量一次），並注意胎動。

3.多攝取高蛋白飲食，以補充從尿液中排出的蛋白質，並監測鹽分攝取。

4.「分娩」是最好的治療方法，醫師會依據孕媽咪臨床症狀，選擇適當的時機生產，確保母胎平安。

5.妊娠高血壓一般在產後12週內會逐漸恢復正常。產後若持續高血壓須徹底檢查，以免變成慢性高血壓。

七. 生產方式：

以自然分娩方式為主，可採用催生方式，除非是胎兒窘迫、胎位不正及產程遲滯等符合剖腹的適應症時，才需剖腹生產。

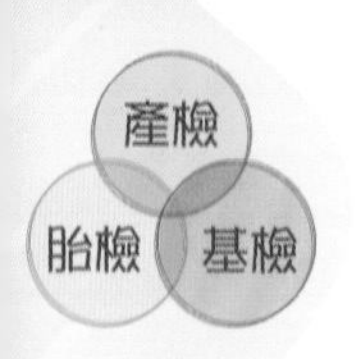

八. 預防重於治療（子癲前症可以預防）：

1.在產科併發症中，對孕婦與胎兒潛在危險最大的就是子癲前症，發生的週數愈早，對胎兒的影響就愈嚴重。小於34週發生的早發型子癲前症，更是造成孕婦及新生兒發病及死亡的最主要原因。

2.近年來，早期子癲前症風險評估的檢查被發展出來，透過這個檢查，可以及早預測子癲前症的發生，提早進行適當治療，可大大減少發病機率。

3.篩查出高風險的孕媽咪，可以服阿斯匹靈做早期預防及治療，可大大減少子癲前症的發生率，這項醫學突破對孕媽咪來說真是一大福音！

4.綜合目前實證研究顯示，低劑量阿斯匹靈在懷孕16週前使用可以減少高危險孕婦九成的重度子癲前症、七成的妊娠高血壓、五成的胎兒生長遲緩。

5.研究也發現，孕期補充鈣有防治效果。

6.體重超過60公斤的孕媽咪建議一定要做子癲前症篩檢。

7.如果錯過了早期風險評估的時間，孕媽咪若擔心未來可能出現子癲前症，可以在懷孕20週以後抽血檢驗sFlt-1/PIGF數值（中晚期子癲前症風險暨胎盤功能檢測），預測未來一個月發病的機率，做最妥善的醫療處理。

8.高風險或是已有子癲前症的孕婦，記得早晚量血壓並詳細記錄，觀察懷孕過程中的血壓狀況，若有問題一定要告知產檢醫師哦！

（詳情請參閱本書CH4 P.96 關於篩檢的說明）

3 防新冠肺炎（COVID-19），孕媽咪要超前部署！

2019年底，在中國武漢地區肺炎患者身上發現一種新型冠狀病毒，隨後造成全球大流行，它除了可通過飛沫、近距離接觸、氣溶膠經呼吸道和身體接觸傳播外，糞便也是潛在的感染途徑。

迄今，全球醫界對新冠肺炎與孕媽咪及新生兒的臨床研究仍有限，已知的是孕媽咪感染新冠肺炎的途徑、臨床表現與一般人相同，潛伏期約1～6天；患者的臨床表現主要為發燒，少數病人會有呼吸困難，胸部X光呈現雙肺浸潤性病灶，如果併發其他重症，可能造成死亡。

迄今，新冠病毒已出現多種變形病毒株，並在世界各地傳播開來，變種病毒的潛伏期及臨床表現可能有異，因其未知性，一度造成世界恐慌；所幸，新冠病毒的疫苗已有多家世界級的藥廠已通過人體試驗，多數國家已開放民眾施打，相信這對防止新冠肺炎在全世界擴散有一定的幫助。

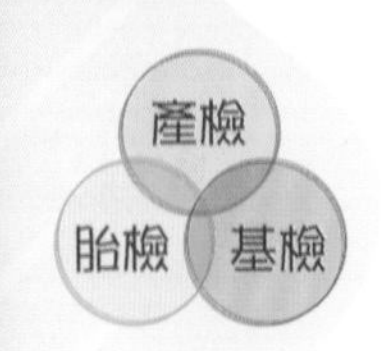

孕媽咪感染新冠病毒容易引發重症

國外有許多研究證實，孕媽咪若感染新冠病毒容易引發重症，全球已有不少孕媽咪感染者出現流產、早產、母體心肺功能衰竭、急性胎兒窘迫等，且上述疾病發生率都高於健康孕媽咪。

孕媽咪由於經歷懷孕期間的生理變化，免疫功能相對較弱，使孕媽咪特別容易感染呼吸道疾病，甚至併發重症。據統計，肺炎是間接導致孕媽咪死亡的第三大原因，約有25%感染肺炎的孕媽咪需要住進加護病房並做插管治療。

新冠病毒可經由胎盤傳播

截至2020年上半年，新冠肺炎病例中有25位孕媽咪，皆為懷孕後期感染，未出現需要插管的重症患者，也無死亡案例，有3例為自然產，其餘均為剖腹產。

法國在2020年7月有一則病例報告，一名23歲的孕媽咪在懷孕後期感染新冠肺炎後出現發燒與咳嗽症狀，入院3天後出現胎兒子宮內窘迫跡象，醫師立刻安排進行剖腹產。這是全球第一例公開發表胎兒在子宮內感染的報告，證實新冠病毒可經由胎盤傳播給胎兒。

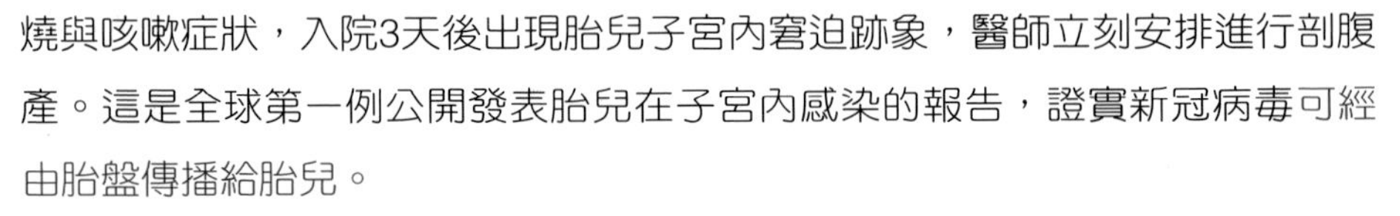

研究人員表示，這名男嬰出生時很健康，出生第3天起卻變得易怒且有四肢痙攣的情形，神經影像學顯示有白質損傷，可能是病毒感染引起的血管炎症所引發。不過這名新生兒在未接受抗病毒藥物或其他特殊治療的情況下病情逐漸好轉，出生18天後出院。

染疫孕媽咪不明原因流產，疑與新冠病毒有關

另有一名懷孕6個月的美國孕媽咪在感染後因為病毒侵襲胎盤，最終流

產。《美國醫學會雜誌》發表對該病例的分析指出，新冠肺炎在美國流行後，部分染疫孕媽咪因不明原因流產，懷疑與感染新冠病毒有關。研究人員指出，病毒學家在這名懷孕第二期卻流產的女性胎盤中發現大量病毒，顯示流產與感染新冠病毒有關。

早前，另一位懷胎6個月的孕媽咪因高燒39.1度，伴有肌肉痠痛、倦怠、吞嚥疼痛、腹瀉、乾咳等症狀，經檢測確定感染新冠肺炎，確診兩天後依醫師指示服用處方藥物症狀並無改善，又開始發燒，且在子宮連續劇烈收縮10小時後產下一名死嬰。

經檢測，孕媽咪的呼吸道裡有大量病毒，但血液和產道都未發現病毒。醫師在產後數分鐘內就對嬰兒進行採樣，不論在寶寶的嘴裡、腋窩、糞便、血液裡都沒有驗出病毒，但胎盤與臍帶採樣卻發現了病毒。

這個發現顯示，感染新冠肺炎的孕媽咪若出現流產，很可能與新冠病毒侵襲胎盤有關，但新冠病毒如何突破胎盤障壁則有待進一步研究。

孕媽咪垂直傳染新冠病毒給胎兒的機率約為9%

隨著全球新冠肺炎感染人數急劇增加，關於新生兒早期感染的病例及研究也愈來愈多。美國醫學雜誌《JAMA Pediatrics》發表研究指出，感染新冠肺炎的孕媽咪有可能將病毒傳染給新生兒，這種情況雖不多見，但確實會發生。

而在南美洲新冠肺炎重災區祕魯首都利馬的Rebagliati醫院卻傳出，有兩名確診的孕媽咪經剖腹生產後，寶寶幸運地沒有發生垂直感染的情形，媽媽們雖感染新冠病毒，但在治療後身體都恢復健康，且寶寶出生後病毒檢驗結果皆為陰性，代表母親並未將病毒傳染給新生兒。因此，對於「新冠肺炎確診孕媽咪是否會垂直傳染給胎兒」的論點，至今尚未有定論。

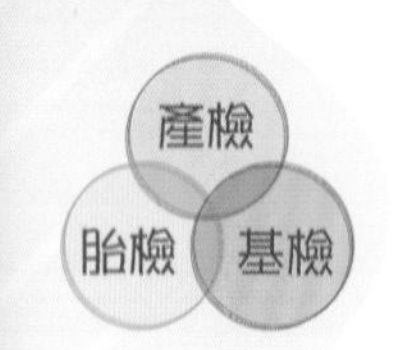

美國出現全球第一個嬰兒染疫死亡的病例

據報導，美國芝加哥有一名嬰兒因感染新冠肺炎而死亡，成為全球極罕見的幼兒感染死亡病例。儘管多項研究表明，這名受感染的孕媽咪所生的新生兒沒有任何臨床表現顯示遭感染，且包括羊水、臍帶血和母乳在內的所有樣本經檢測均為陰性，但仍不能排除該案例為母嬰垂直傳播的可能性。

因此，孕媽咪感染新冠病毒需採取嚴格的感染控制措施，隔離受感染的母親，並密切監控受感染的新生兒，才能確保母嬰健康。

疑似或確診病例建議做剖腹產

雖然目前的研究尚未證實新冠肺炎會通過胎盤垂直傳染給胎兒，但因為患者的腸道可能會有新冠病毒，經陰道生產新生兒會有感染的風險，所以建議感染新冠病毒的孕媽咪做剖腹產，可避免寶寶接觸會陰及肛門分泌物，降低新生兒被感染的風險。

另外，孕媽咪如感染新冠肺炎，肺功能會下降20%～30%，疾病再加上懷孕，會提高早產的機率，且自然產費時較長，對孕媽咪、醫護人員都存在感染風險，所以孕媽咪如果確診感染最好選擇剖腹產。

面對新冠病毒不用怕

醫學日益精進，對於孕媽咪的胎盤、臍帶間質幹細胞研發已進入新時代。從過去的紫河車、胎盤素，現今技術已可以純化擴增到6億個幹細胞，並且進入臨床治療階段。生技業者與雙和醫院合作以「恩慈療法」治療新冠肺炎重症病人，衛福部已緊急核准異體臍帶間質幹細胞新藥（UMC110-6）用於治療重症患者。

罹患新冠肺炎重症患者多半會出現嚴重肺損傷，如急性呼吸窘迫症候群（ARDS），是目前新冠肺炎病例常見的併發症之一。透過「恩慈療法」可以給新冠肺炎重症患者一線生機。台灣醫學進步已在國際佔有一席之地，間質幹細胞新藥的研發生技業者持續投入自主專利研發，帶動細胞療法更有利世人、更深入的發展。

財經專題

新冠新藥商機大爆發
台灣生技廠二路搶進

本土新冠疫情拉警報，據指揮中心數據顯示，至今台灣病歿人數已飆破400人，其中近2成新冠患者竟在發病3日內就病逝，也讓各界期待新冠治療新藥幫忙救命。本刊調查，國內新冠新藥研發業者已達臨床試驗階段，包括藥華藥端出國際臨床數據獲中央納入治療指引，生華科、宣捷幹細胞則搶下恩慈療法入場券，希望藉臨床試驗救患者一命。

前二週豪大雨過境，台灣旱象有解，本土新冠疫情卻亮紅燈。全台確診人數破萬，重症和病歿人數持續攀高，死亡數已飆破四〇〇人，總統蔡英文和行政院長蘇貞昌都出面道歉，再度頒布三級警戒延長至六月二十八日。

長效干擾素

據關指揮中心提供的新冠死亡數據，有高達八成都是具慢性病或潛在疾病的高齡長者，指揮官陳時中多次向醫護系統喊話：「積極救治病患。」眼見重災區雙北醫療量能嚴重吃緊，台灣生技業也紛紛出手救人。

不僅醫界搶救病患者，甚至出現藥廠員工向長官求藥的狀況。「台中員工的七十幾歲阿公確診，台北也有員工家人確診，他們心急想拿公司的藥救家人，我勸他們要冷靜，拿到醫師處方才能用。」被員工求救的藥華藥執行長林國鐘上週二（八日）接受本刊電話訪問，正逢指揮中心公布最新死亡人數，他搖頭長嘆一口氣，「死亡率太高了。」

員工口中的救命藥，是藥華藥研發用在治療真性紅血球增多症（PV）的長效型干擾素針劑新藥P1101，兼具抑制病毒與提升免疫的療效。「這是上帝送給人類的禮物。」林國鐘形容，干擾素就像是國防軍隱藏在每個人體內，遭受病毒和細菌攻擊時才會大量製造，「新冠感染初期應加速以干擾素阻斷病毒。」

此藥研發耗時十六年，藥華藥去年剛取得衛福部藥證，目前還受新冠疫情

贈藥不收錢

資料來源：《鏡周刊》

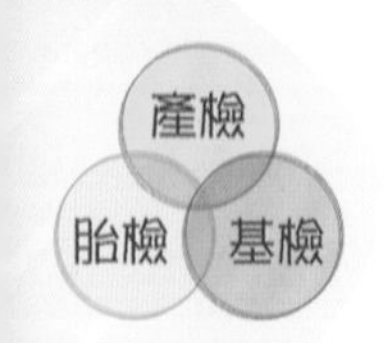

新冠病毒不會經乳汁傳染給嬰兒，但避免親餵

至於感染新冠肺炎的媽媽該不該親餵母乳？根據美國疾病管制局（CDC）和世界衛生組織（WHO）的研究，新冠病毒藉由乳汁傳染給嬰兒的機率極低，患者可哺餵母乳，但預防在哺乳時可能因飛沫將病毒傳染給寶寶，因此，哺餵母乳最好是將乳汁擠到奶瓶再餵，不要親餵。

若不確定是否感染，或確診感染且產後尚未痊癒，建議不要母嬰同室，產婦與新生兒至少需隔離14天，也先不要餵母奶。

提高孕媽咪的免疫力也可預防感染新冠肺炎（COVID-19）妳可以這樣做：

❶ 打疫苗
❷ 充足的睡眠
❸ 良好的營養（優質的蛋白質）
❹ 補充維生素D_3+鈣
❺ 曬太陽
❻ 漱喉

孕媽咪免疫力低，要更注意防護

由於孕媽咪是容易受感染的族群，在疫情流行期間更應該定期接受產前檢查，並密切注意胎動變化，有妊娠期合併症或併發症者要適當增加產檢次數。

雖然目前還無法確定新冠病毒是否會對寶寶造成永久性傷害，且在疫苗還沒普及之前，孕媽咪要注意以下事項，才能降低病毒對寶寶可能造成的已知或未知傷害：

1.減少群聚社交。

2.出入密閉公共場所時要正確配戴口罩，包括捷運、公車、醫院、電梯等地方。

3.勤洗手。

4.避免用手觸碰眼睛、鼻子、嘴巴。

5.到醫院產檢時，孕媽咪及陪伴者均應戴上外科口罩，並請院方安排動線。

6.如需住院，期間應避免離開病房四處走動，離院時動線也要做特別安排。

在照顧新生兒方面：

1.盡量減少照護人數並勤洗手。

2.房間要定時開窗通風。

3.新生兒物品要以高溫或75%酒精做好消毒。

4.密切觀察新生兒體溫、喝奶、呼吸、黃疸等變化。

5.如出現發燒、咳嗽、呼吸困難、精神差、反應差、喝奶量少、反覆嘔吐等症狀，應及時就醫。

對孕媽咪最好的防疫就是盡快接種新冠病毒疫苗

不但能保護自己，還可以把抗體傳給寶寶，保護胎兒，達到雙重防疫的目的。（詳細說明請參閱本書CH7 P.147）

產後媽媽施打疫苗，也可以將抗體藉由乳汁傳遞給寶寶，達到保護新生兒的作用。

CH 7 完美生產——妳的生產計畫書準備好了嗎？

1 按自己的意願擬定生產計劃

為了讓每位孕媽咪在產前完全了解待產及生產的過程及狀況，以破除心理上的不安，並做好相關準備，而有了「生產計劃書」的出現。

生產計劃書不光是一紙合約，而是一份客製化的生產流程說明，藉著與醫護人員做更多的討論，孕媽咪於產前充分了解生產的過程及產後的照護，就可減輕生產過程及產後的不安及焦慮，讓生產成為一種完全依自己意願進行的享受！

◯◯醫療機構 生產計劃書（基本範例）

各位準媽媽、準爸爸，您們好：

擁有安全、舒適、愉快的生產經驗是我們共同的期待，目前提倡「友善生產」的時代觀裡，希望提供準父母有參與醫療處置的自主權，也為了瞭解您的需求，並適時給予說明與解釋，請準父母提供您與家人的意見，作為照護之參考。謝謝！

______和______的生產計畫

我今年____歲，職業是______

我先生____歲，職業是______

這是我們的第____胎，預產期是______

產婦姓名______ 醫師姓名______

選擇項目

一、分娩

□是 □否 本人針對下述分娩事項並無意見，完全尊重醫療上的專業建議
(若填"是"，請跳到第二大項、麻醉選擇)

1. 我希望能在待產時自由走動 □是 □否
2. 我希望分娩期間能進食 □是 □否
3. 我同意分娩時放置靜脈留置針 □是 □否
4. 我同意分娩時可能需要大量靜脈輸液注射 □是 □否

二、麻醉選擇

□是 □否 1. 分娩時不一定需要減痛分娩麻醉，我有自行選擇的權利

三、關於陰道生產（自然產）

□是 □否 本人針對下述關於陰道生產事項並無意見，完全尊重醫療上的專業建議
(若填"是"，請跳到第四大項、產後)

1. 對於生產時會陰部「是否要剃毛」 □是 □否
2. 對於生產時「是否需禁食」 □是 □否
3. 對於生產時「是否做會陰切開」 □是 □否
4. 對於生產時「是否做注射點滴」 □是 □否
5. 對於生產時「是否使用催生藥物」 □是 □否
6. 對於生產時「是否要先生陪產」 □是 □否

四、產後

□是 □否 1. 我希望盡早做親子接觸，除非醫療上不允許

五、親子照護計畫

□是 □否 1. 我希望餵母奶

簽名：______ 日期：______民國____年____月____日

備註：此計畫書不具法律效力，如醫療上有需要修正時仍建議與護人員進行溝通後執之以確保生產平安。
資料來源：台灣婦產科醫學會

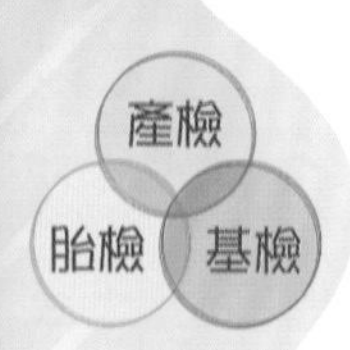

從懷孕到生產的奇蹟

從懷孕第1個月開始，妳與寶寶就是生命共同體，來看看這段期間，寶寶怎麼從一顆小豆子，長到把妳的肚子撐得像一顆籃球那麼大！

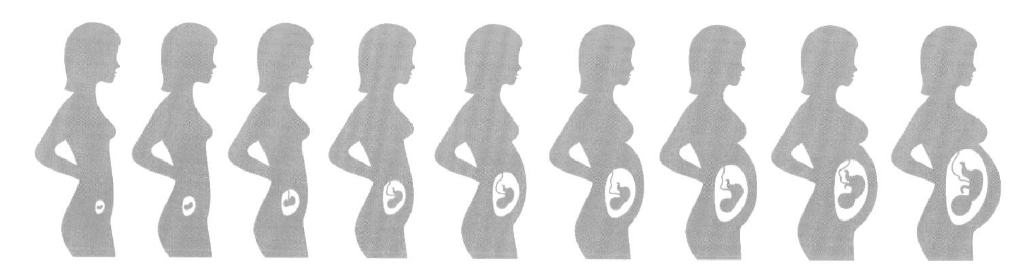

●胎兒發育週數與體重對照表

週數	長度（頭臀徑）	體重
8週（2個月）	1.5～2cm	
12週（3個月）	5.5～6.1cm	
16週（4個月）	9.5～12cm	110～300g
20週（5個月）	14.5～16cm	320～500g
24週（6個月）	30～35cm	630～800g
28週（7個月）	35～40cm	1000～1200g
30週		1300～1570g
*31週（接近8個月）出生時的一半		1600～1700g
32週（8個月）	40～45cm	1700～1936g
34週 胎位幾乎固定，不會變了		2100～2200g
*36週 胎兒肺部成熟了	45～50cm	2500～2600g
37週（足月）		2750～2800g
38週		3100g
39週		3250g
40週	45～55cm	3350g

2 生產前該準備的事項

認識幹細胞（Stem Cell）

幹細胞是人體最初未分化的原始細胞，可自我分裂增殖以及分化成多種不同特定功能的細胞，此種具有「再生」及「分化」的原始細胞即稱為「幹細胞」。人類的胚胎、胎盤、臍帶、臍帶血、骨髓、週邊血液內都有幹細胞，人體各個組織及器官，一生中需不斷的更新及修復，幹細胞就是負責完成這項重大任務的關鍵性角色。

從產前到產後
陪您一起
守護全家人的健康與幸福

胎盤、臍帶、臍帶血是分娩後以「安全」、「非侵入性」的方式從新生兒身上取得，胎盤、臍帶中間質幹細胞含量豐富，也比從成人取得的幹細胞更年輕、潛力更高、應用性更廣。目前幹細胞新藥在治療小兒支氣管肺發育不全症（BPD）已獲得美國FDA及台灣FDA核准，並進行臨床試驗，對全人類醫療的再進化將是一大福音。

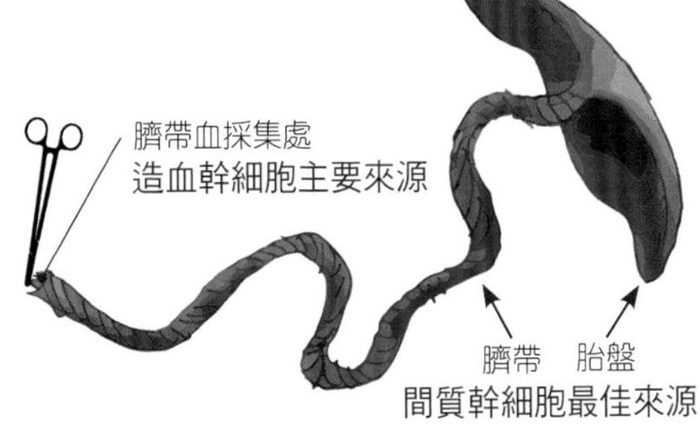

人的一生中也只有在懷孕生產的過程中，有機會將三寶——胎盤、臍帶、臍帶血——保留下來。過去長輩們做成「胎盤素」當保健或抗衰老的仙丹，現代醫學進步，已經可以將胎盤、臍帶直接培養出1～6億顆細胞，如今，間質幹細胞在修復、再生及抗衰老上已被廣泛應用，而這是只有在懷孕中的妳才有資格將重要的醫療資源保留下來。

3 準備迎接生產的訊號——產兆

產兆即生產的徵兆，包括以下幾項：

1.輕便感：第一胎孕媽咪在第36～37週時，胎頭會下降至骨盆腔內，子宮位置變低，使呼吸更順暢，胃部也比較不會發脹，感覺變輕鬆了；第二胎以上的孕媽咪要過了預產期才會有輕便感，胎頭甚至到產痛開始時才會下降。

2.見紅：又稱「落紅」，為子宮頸口的黏液栓脫落及微血管破裂的出血，量少，顏色呈粉紅或紅色，黏稠狀，一般在產前1～2天出現。

3.破水：羊膜破裂使羊水流出，稍黏、無色，與尿液相似，一般先陣痛才破水，但也有無陣痛即破水（稱為早期破水），發現破水時應盡速就醫。

4.陣痛：有真痛與假痛之分。

假痛	真痛
生產前3～4週開始發生	生產開始時發生
無規則性	有規則性
走動會改善疼痛的感覺	疼痛感覺強烈，無法因走動而改善
痛點限下腹及腹股溝，很少延伸至背部	痛點在腹部、背部、尾椎骨處
子宮頸沒有擴張	子宮頸因子宮收縮而漸漸擴張

若有以下任一項危險徵兆，應即刻就醫：

1.陰道大量出血
2.全身性水腫
3.劇烈嘔吐
4.劇烈腹痛
5.持續頭痛、視力模糊

4 全方位e化系統提供即時訊息

產科醫療技術不斷進化，除了提供孕媽咪及胎兒更舒適、更安全的孕程照護，先進的全方位e化系統還能在產前提供準爸媽們最即時的胎兒影像，產後也能提供寶寶即時視訊及健康評估。

1.產前：將檢驗、影像及看診資訊結合，透過個人手機資料登錄，就可即時獲取各種一手資訊。

2.Live同步觀看：藉由影像即時串流之雲端技術，孕媽咪家人不必請假到診所，就可遠距同步觀看超音波檢查影像，讓距離不再是問題。

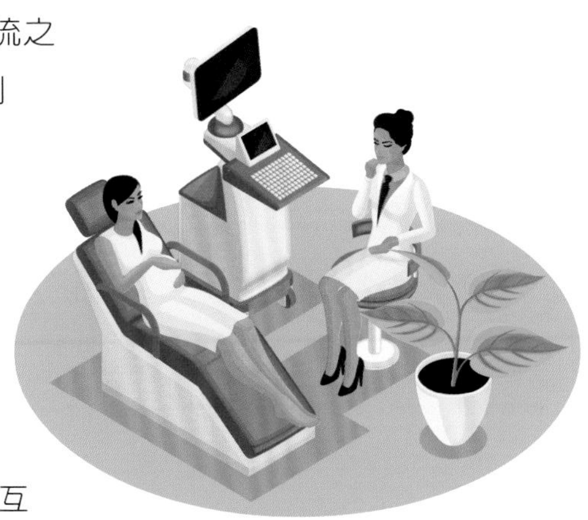

3.永恆回憶：照超音波後不再只能留幾張熱感應紙當作紀念，全方位e化系統除了即時串流觀看，還將所有影像即時儲存於雲端，可不限次數重複觀賞，加上影音互動，更有趣味。

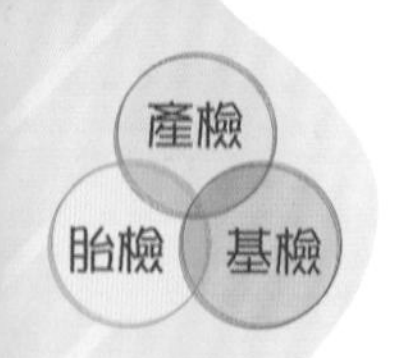

4.**行動雲端**：不需每次存取，所有影片儲存在雲端，隨時都可上線觀看，雲端帶著走，更環保、更便利。

5.**產後**：孕媽咪一人一台結合診所入院系統的平板，讓資訊傳遞更即時。

6.**一對一視訊**：寶寶出生後每日的體重變化、黃疸數值、排便次數、喝奶時間，全都自動轉換成圖表，媽媽利用平板就能即時掌握寶寶的狀況。

7.**產後照顧母嬰互動智能系統**：媽媽產後的每日體溫、血壓、體重、脈搏、母乳量都能透過平板電腦查詢，還有產後每日課程活動提醒，從產檢到生產，為懷孕旅程留下一個完美記錄。

4D真實呈現，為寶寶記錄生命成長的奇蹟

1.擬真影像：提供擬真寶寶影像，讓準爸媽精準確認寶寶每個身體部位的發育狀況，滑動手指即可轉動到欲選取的部位。

2.掌握細節：寶寶各個身體部位都會附上拍攝時間，讓準爸媽清楚知道寶寶各部位生長情況。

3.專屬回憶：各部位超音波照片都會提供媽媽下載至手機，不管是要自己保存或傳送給親友，都能輕鬆存取。

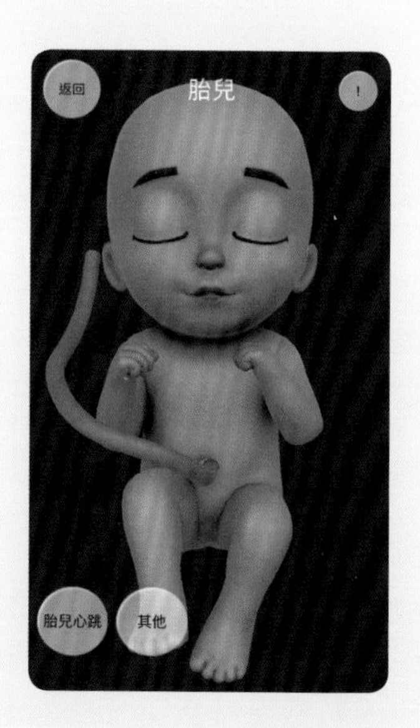

5 孕媽咪該有的疫苗注射

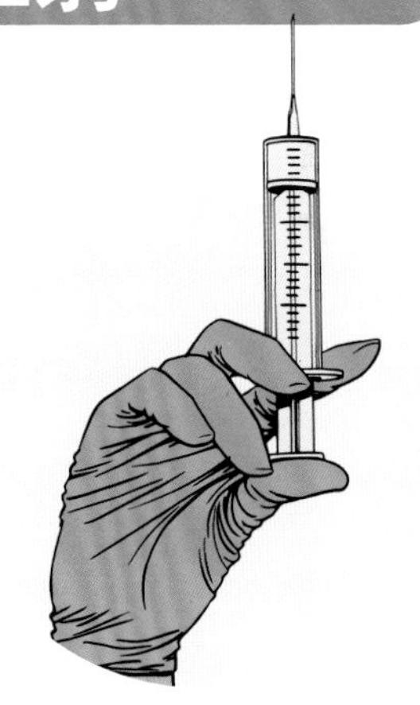

為避免孕期傳染流行病而提高妊娠風險，準備懷孕及孕期中接種疫苗是孕媽咪保護自己和寶寶最重要的事，有哪些疫苗應該施打？該注意哪些事情呢？

懷孕前

1.麻疹、腮腺炎、德國麻疹三合一疫苗（MMR）

這類病毒為飛沫傳染或接觸傳染，出疹前、後都具有傳染力，屬於高度傳染的疾病。在懷孕時若感染麻疹、腮腺炎、德國麻疹，病毒會透過胎盤垂直傳染給胎兒，使流產機率提高，或使胎兒主要器官受損而導致先天缺陷，如智能不足、先天性心臟病、耳聾等。

德國麻疹疫苗效果約能持續10年左右，若疫苗效力已過，有必要再追加施打，但多數女性都是在第一孕期抽血檢驗才知道自己原來沒有德國麻疹抗體，所以懷孕前最好先抽血檢測是否還有抗體。

育齡女性可免費單獨接種，且母親若有抗體，寶寶出生後6～9個月內也會有抗體保護。倘若沒有抗體，建議產後儘快施打，以保護自身健康，也避免再懷孕時寶寶有感染的風險。

疫苗的主要成分為蛋白質，對蛋過敏的女性要由醫師評估是否能夠接種；有嚴重免疫缺失者，如先天性免疫缺失症、白血病、淋巴癌等患者也不能施打。（有關德國麻疹疫苗注射，請參閱本書P.87）

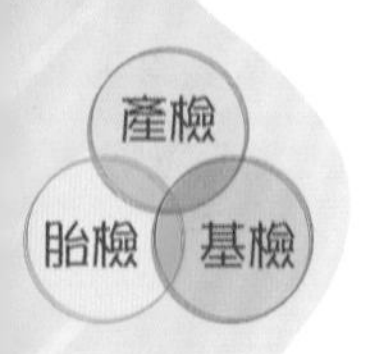

2.水痘疫苗

懷孕後期感染水痘會垂直傳染給胎兒，寶寶除了會感染水痘，嚴重者還可能發生肢體萎縮，甚至是死亡率高的腦膜炎及肺炎。

接種水痘疫苗後有些人會出現小紅疹，不需太擔心，1週左右可恢復。需要注意的是，接種後3週內要避免接觸水痘或帶狀疱疹的患者，因為這兩種疾病為同一種病毒感染所造成。懷孕期間感染水痘要及早治療，以降低寶寶感染的風險。

3.子宮頸癌疫苗（人類乳突病毒HIV疫苗）

子宮頸癌最主要是經由人類乳突病毒（HPV）感染引起，經由接觸感染，也可能導致陰道癌、外陰癌等其他癌症發生。

子宮頸癌疫苗共有三劑，若施打第一劑後懷孕了，建議生產後再從第一劑重新施打；如果懷孕前已經打了兩劑，則可在孕期或產後施打第三劑。

產後接種好時機～～

如果產前沒有施打，產後正是施打人類乳突病毒HIV疫苗的最好時機，台灣母胎醫學會表示：「產後6個月不只是母乳哺育的黃金期，也是接種HIV疫苗的好時機」，可搭配嬰兒疫苗接種的時間，減輕媽媽接種疫苗必須外出的時間壓力。

4.B型肝炎疫苗

B型肝炎可經由血液與體液傳染，台灣有40%～50%的帶原者就是在生產過程中被媽媽傳染。

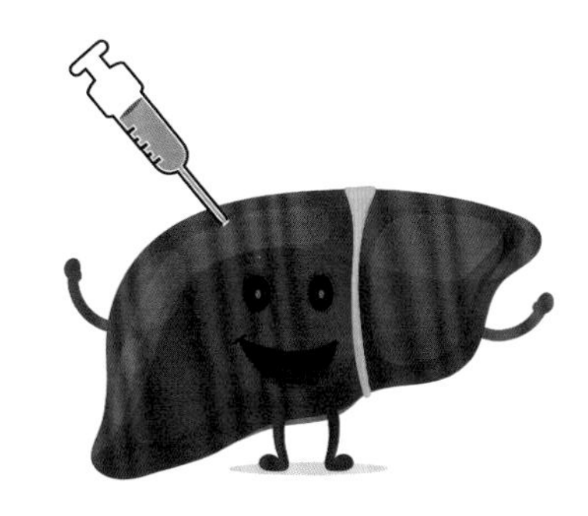

B型肝炎沒有明顯症狀，嚴重時才可能有噁心、疲倦、黃疸等表現，部分病患會演變成肝功能異常、慢性肝炎、肝硬化，甚至是肝癌。

B型肝炎疫苗孕期也可以施打，但由於接種時程較長（6個月內接種三劑，或12個月內接種四劑），因此建議在孕前9個月注射，如果未完成施打就懷孕，可繼續施打。

若產檢時發現孕媽咪為帶原者，寶寶出生後24小時內應儘速注射一劑B型肝炎免疫球蛋白及B型肝炎疫苗，越早注射越好。

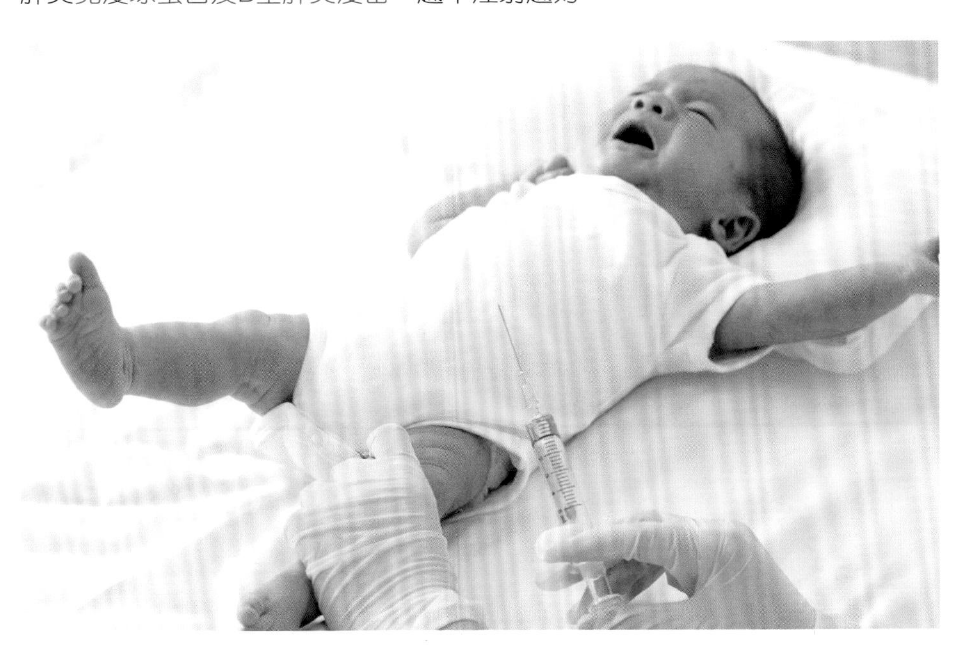

 懷孕中——保護胎兒更保護自己

1.流感疫苗

I. 前言：懷孕使得孕媽咪身體荷爾蒙、免疫系統及心肺功能改變，所以當孕媽咪感染流感，更容易演變成肺炎、敗血症等重症，增加入住加護病房的機會。

II. 作用：孕媽咪在孕期中施打流感疫苗可經由胎盤將抗體傳送給寶寶，讓寶寶一出生就有抗體，能產生間接保護的作用，且保護力可持續約6個月。

III.施打時間：孕期任一個階段都能施打流感疫苗，對媽媽保護效期可長達一年， 每年應接種一次，接種後至少需兩週才會產生保護力。

IV.副作用：少數孕媽咪會出現施打部位紅腫，或是出現疑似感冒、疲累的感覺，都屬於輕微症狀，休息幾天就無礙。

2.三合一疫苗

（減量破傷風、白喉、非細胞性百日咳混合疫苗，Tdap）

I. 前言：健康成人若感染百日咳，即使沒治療仍會自癒，但嬰幼兒免疫系統尚未發育完全，一旦感染容易產生肺炎、腦病變等併發症，嚴重者可導致死亡。

II. 作用：新生兒在出生後第2、4、6、18個月時需依序接種四劑五合一疫苗（白喉、破傷風、百日咳、小兒麻痺、B型嗜血桿菌），但由於接種後需1個月才會產生抗體，所以寶寶剛出生後會出現感染的空窗期， 因此建議孕媽咪在懷孕後期（28～36週）接種Tdap疫苗，這與接種流感疫苗的原理是

相同的，媽媽體內的抗體可經由臍帶傳送給寶寶，讓寶寶擁有來自母體的「被動免疫」抗體。

III.施打時間：

1.建議在第三孕期（28～32週左右）施打，最晚36週，因為施打後要1個月抗體才能發揮效果。經由母體而來的抗體，能在寶寶體內持續存在6個月，可保護新生兒。

2.若懷孕時未接種，應在生產後立即接種。

IV.包覆式保護：研究顯示，75%～85%的嬰幼兒百日咳感染來自家庭照顧者，主要是父母親或兄弟姊妹，因此寶寶出生後，孕前、孕中未注射Tdap疫苗的媽媽、主要照顧者及家人建議一起施打，避免群聚感染。Tdap疫苗的保護效力約5～10年。

V.副作用：如同流感疫苗，局部紅腫的狀況大約會在幾天後改善。

3.新冠肺炎（COVID-19）疫苗

I. 孕媽咪可以施打新冠肺炎（COVID-19）疫苗嗎？

建議接種！

1.雖然目前安全性證據有限，但孕婦屬於重症高風險族群，權衡感染與安全，孕媽咪接種疫苗為利大於弊，還是建議接種。

2.優先選擇mRNA疫苗（輝瑞及莫德納），但如果第一劑已施打AZ，第二劑還是建議施打AZ。

3.哺乳中也可以施打疫苗，抗體也會出現在母乳中，可能對新生兒有保護效果。

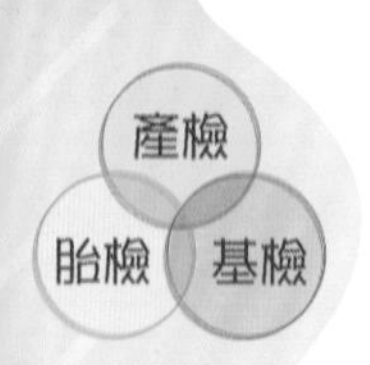

II. 孕媽咪建議施打週數

1.美國CDC及婦產科醫學會：建議任何孕期皆可施打。

2.英國國民保健署（NHS）：建議

- mRNA優先：任何孕期皆可施打。
- AZ疫苗：第1劑應≧14週；第2劑應<37週。

3.德國：建議mRNA優先，第二孕期再打。

4.台灣婦產科醫學會：建議在國家疫苗充足且可以選擇的情況下，孕媽咪應以mRNA的疫苗為主，如輝瑞及莫德納。

III.施打疫苗後多久可以懷孕？

原則上都可以，不須刻意避孕。

IV.副作用：

選擇mRNA（如輝瑞及莫德納）疫苗，或次蛋白（subunit）疫苗（如諾瓦瓦克斯(Novavax)及國產的高端）副作用較低。

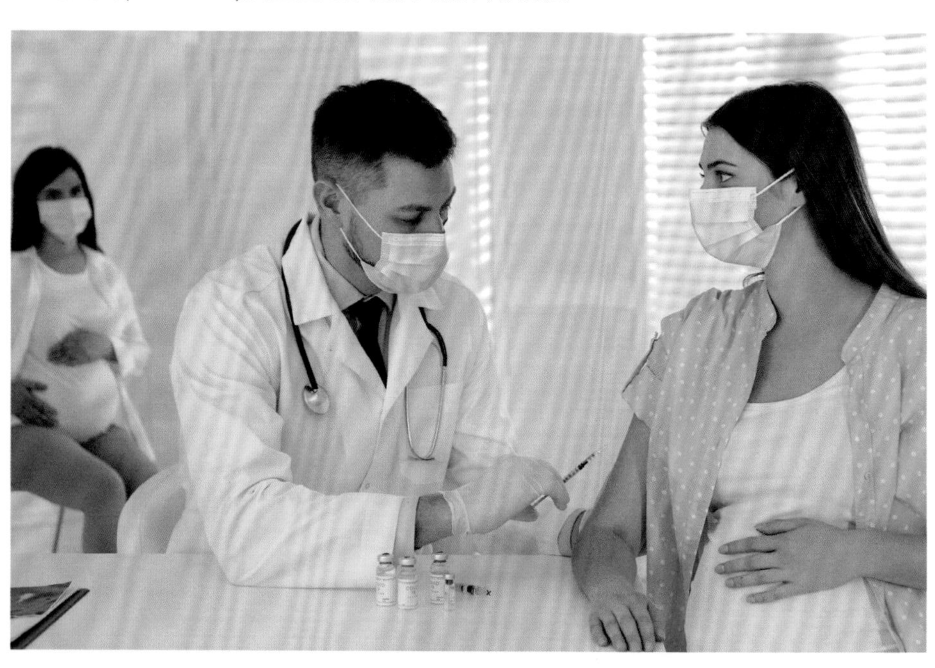

新冠疫苗一覽表

	AZ	嬌生	莫德納	輝瑞BNT	高端（或NOVAVAX）
技術	腺病毒載體	腺病毒載體	mRNA	mRNA	重組棘蛋白
接種劑次	2	1	2	2	2
接種間隔	10～12週		28天以上（目前有12週的研究）	仿單21天 ACIP28天	28天

新冠疫苗保護力比較

	AZ	莫德納	輝瑞BNT
1劑保護力	64%	92%	52%
2劑保護力	70%	94%	95%
重症保護力	接近100%	接近100%	接近100%
印度株（alpha & delta）保護力	67%	94%	88%

• 以接種2劑計算

• 以上資料來源：疫情指揮中心、疾管署、內政部、綜合外電

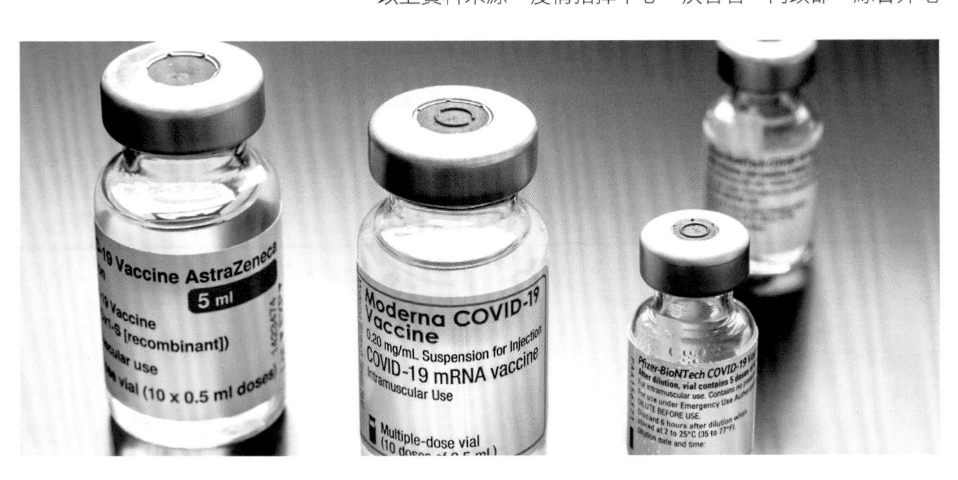

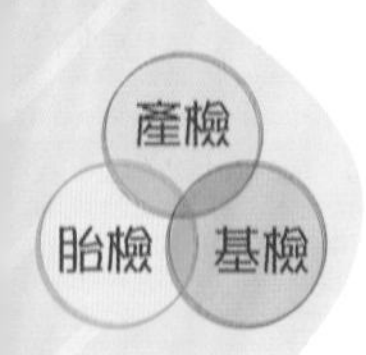

產後

1.流感疫苗

孕期若未施打流感疫苗，可在產後6個月內施打，有研究指出，產後兩週內若感染流感，發生併發症及死亡的風險比一般人高，且由於出生6個月內的嬰兒免疫系統尚未成熟，還不適合施打流感疫苗，因此媽媽施打疫苗可間接保護嬰幼兒。

其他照顧者及家人也建議一起施打，可產生群體免疫效果，對寶寶更有保護力。

2.三合一疫苗（Tdap）

寶寶出生後，寶寶的主要照顧者及家人（父母、祖父母等）建議一起施打，達到包覆式防護（Cocoon strategy），能更好地保護新生兒。

3.子宮頸癌疫苗（人類乳突病毒HPV疫苗）

產後是接種HIV疫苗的好時機，美國婦產科醫學會（ACOG）及疫苗接種委員會（ACIP）已認可，哺乳期媽媽接種子宮頸癌疫苗對嬰兒並無影響，因此台灣婦產科醫學會鼓勵產婦在產後及回診時接種子宮頸癌疫苗，讓媽媽健康，寶寶也可以受到更妥善的照護。另外，孕期因荷爾蒙變化，子宮頸口外翻，使得子宮頸上皮細胞容易接觸到病毒，而產生癌性病變，所以，產後女性是最適合接種HIV疫苗的族群，尚未接種過HIV疫苗的女性，應該在產後接種HIV疫苗。（請參閱本章P.144）

孕媽咪疫苗注射懶人包

		懷孕前	懷孕期間	產後
1	麻疹、腮腺炎、德國麻疹混合疫苗（MMR疫苗）	若有需要應接種，接種後4週內應避孕	不可	若有需要應接種
2	水痘疫苗	若有需要應接種，接種後4週～3個月內應避孕	不可	若有需要應接種
3	流感疫苗	需要	需要	需要
4	白喉、破傷風、百日咳疫苗（Tdap三合一疫苗）	若有需要應接種	需要，應於懷孕27～36週時接種	需要，孕期若未接種，產後應立即接種
5	子宮頸癌疫苗（人類乳突病毒HPV疫苗）	若有需要應接種	不可	若有需要應接種
6	A型肝炎疫苗	若有需要應接種	若有需要應接種	若有需要應接種
7	B型肝炎疫苗	若有需要應接種	若有需要應接種	若有需要應接種
8	肺炎鏈球菌疫苗	若有需要應接種	若有需要應接種	若有需要應接種
9	新冠肺炎病毒（COVID-19）疫苗	需要	需要	需要

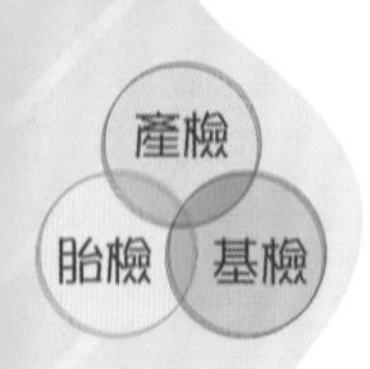

6 藥物對胎兒的影響

孕期生病是最讓人頭痛的事，因為擔心吃藥會對胎兒造成不利的影響。所以，懷孕期間究竟能不能吃藥？吃藥對胎兒會有影響嗎？以下為孕媽咪們解開心中的困惑。

孕期與藥物使用的相對關係

1天 （生理週期的第1天）

15天 排卵，排卵日就是受精日
（精蟲可存活3天，卵子可存活12～24小時）

22天 著床（懷孕的第1天）
著床前期（全有或全無）吃藥是安全的

28天（4週） 受精後2～8週，胚胎時期，是器官形成的關鍵期
（此時期吃藥就可能有影響）

70天（10週）

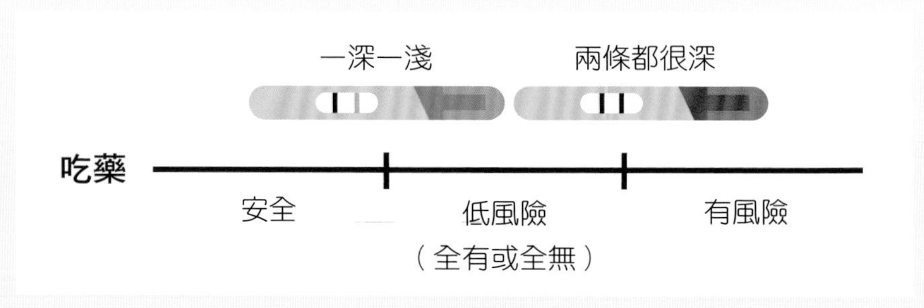

不同孕期，藥物對胎兒會有不同影響

胎兒會通過胎盤吸收孕媽咪體內的藥物，並排泄藥物的代謝物，但各個時期藥物對胎兒的影響是不一樣的。

懷孕第一個月

受精至2週後的著床前期，用藥影響為「全有」或「全無」

懷孕第1個月，也就是受精之後2週，在醫學上通常稱為分化前期。這個時期胚胎雖然對致命性藥物特別敏感，但這時期與整個孕期相較，胚胎對藥物是相對不敏感的。

這時期藥物對胚胎的影響是全有（寶寶健康）或全無（胚胎死亡），一般不會對胎兒有太大影響，孕媽咪不必過分擔心；如果有不良後果，更傾向於胚胎死亡而不是產下畸型兒。

懷孕早期

受精後2～8週的胚胎期是胎兒器官形成的關鍵時期，如中樞神經、心臟、耳、眼、肢體、生殖器官等都是在這段期間形成，藥物影響肢體障礙主要也是在這段期間，稱為致畸敏感期，此時期若不必用藥就果斷不用，如須用藥，一定要在醫生指導下謹慎用藥。

如有服藥史，建議在懷孕16～20週進行產前診斷（包括超音波），進一步了解胎兒發育情況及排除胎兒畸形。

懷孕中期、晚期

這時期胎兒器官基本已分化完成，藥物致

畸的可能性大大下降，主要影響為胎兒的神經系統，但仍需謹慎用藥。

受孕9週以後的胎兒期，藥物影響主要在於功能發展上，如孕媽咪酗酒會引起胎兒腦部功能障礙，而在20～25週，某些藥物會使羊水過少，讓胎兒肺部功能發育不全。

分娩前

分娩前用藥需注意，尤其是最後1週。此時期胎兒大致已發育完成，但體內的代謝系統仍不完善，不能迅速有效地代謝藥物，這時用藥可能使藥物在胎兒體內蓄積，產生藥毒性。

藥品使用劑量的注意事項

孕媽咪使用的藥品劑量應越少越好，這樣穿透胎盤的比例可相對較少，盡可能以單一劑量、較低有效劑量或局部使用的藥劑為優先。

另外，懷孕過程中由於胃的酸鹼值上升、胃排空變慢、肝代謝酵素改變、腎清除率上升、血容積加大等生理變化，使得藥品整體的吸收、代謝、分布、排除會隨著孕程改變，有些藥品可能需調高劑量、有些要調低劑量，治療劑量安全範圍較小的藥品還需配合血中濃度監測，以確保孕媽咪用藥安全及療效。

孕期用藥懶人包

1.懷孕早期應儘量少用藥或不用藥。
2.不能自行用藥，如需用藥一定要在醫生的指導下使用，且一定要告訴醫生妳已經懷孕，並告知懷孕週數。
3.注意藥品的有效期限。
4.諮詢醫生藥物可能出現的不良反應。
5.仔細閱讀藥物說明書，嚴格遵循服用時間、服用方法及儲存方式等要求。
6.用藥後如有嚴重的不良反應，應及時向醫生反應，以確定停藥或是繼續服用。
7.儘量選擇危害較小的藥物。
8.可用、可不用的藥物應儘量不用或少用。
9.能用一種藥物解決問題，絕不選擇多種藥。
10.同類藥物不可在未經醫師許可下私自換服。
11.應在醫生的指導下，嚴格掌握劑量、持續時間等用藥原則。

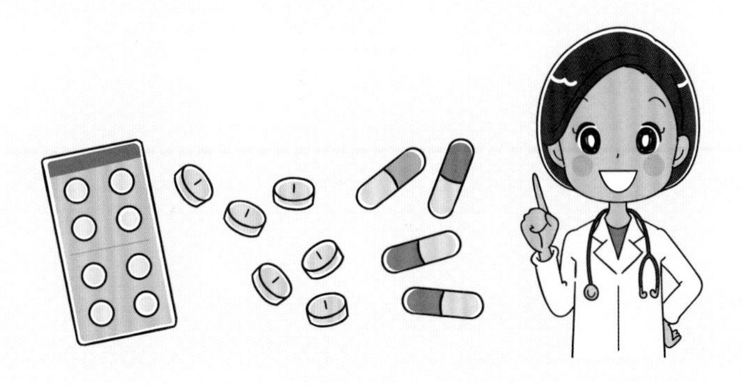

7 X光對胎兒的影響

許多孕媽咪懷孕期間生病，擔心照X光的輻射暴露會影響胎兒健康，其實單張X光攝影的輻射劑量很低，對胚胎不致產生影響。要避免X光對胎兒的危害，一般建議懷孕前3個月要盡量減少輻射暴露，因為這個階段的胚胎正在快速成長，對於輻射線、藥物、環境毒物的傷害非常敏感，且易受負面影響，直到25週以後胎兒才會漸漸強壯。

不過，這並不是說懷孕前3個月不能做X光檢查，研究報告顯示，懷孕期間吸收的輻射劑量超過5雷德（rad）才可能導致畸胎，腹部X光攝影單次約為0.1雷德（rad），胸部X光更低，理論上照數十張都不致對胚胎產生影響。

因此，孕媽咪不用擔心X光檢查會造成胎兒傷害，而拒絕必要的檢查。但有的檢查帶來的輻射劑量較高，像是電腦斷層，可與醫師討論是否有其他替代方案，像是核磁共振檢查（MRI）就沒有放射線傷害的疑慮。

● 各種X光劑量比較

種類	胎兒可能接收到的劑量	照多少張才會有影響
頭部X光	0.00005雷德	100000
胸部X光	0.00007雷德	72000
腹部X光	0.1雷德	50
腦部血管攝影	0.01雷德	500
心臟血管攝影	0.07雷德	72
靜脈腎臟攝影（IVP）	1.4雷德	4
鋇劑腸胃攝影	4雷德	1～2
腹部及腰部電腦斷層	2.6～3.5雷德	1～2
骨盆腔電腦斷層	1.5雷德	3
放射線同位素攝影（如骨頭攝影、腫瘤攝影）	1雷德	5
髖關節X光	0.2雷德	25
下脊椎X光	0.1～0.3雷德	17
乳房攝影	0.02雷德	250

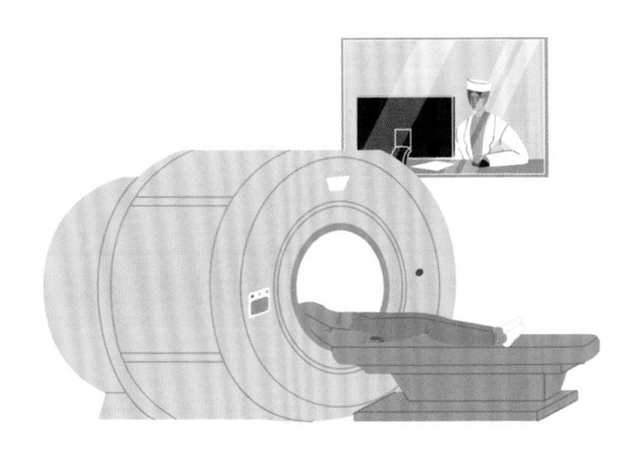

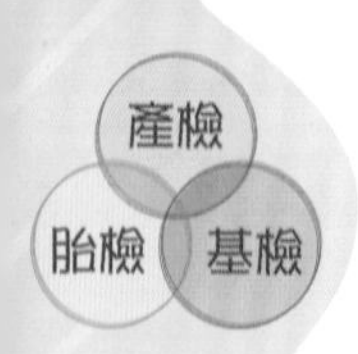

8 孕期運動好處多多

懷孕期間雖然行動較不方便，但不能以此為藉口不想動，要知道，孕期適當運動好處多多。

1.控制體重：懷孕期間很多孕媽咪都有藉口可以大吃大喝，體重因此快速增加，整個孕期體重甚至增加超過20kg！懷孕期間的確需要充分營養，且不適合減肥，但也因為如此，為了不過量增重，就需要適當的運動。

運動會消耗身體熱量，燃燒多餘脂肪，這樣不但可避免體重快速增加，也可減少皮下脂肪堆積，且運動能增加肌肉強度，預防妊娠紋產生。

2.保持皮膚光滑與彈性：運動可促進身體新陳代謝，幫助排出體內廢物與毒素，且能提高皮膚的光滑度及彈性，避免皮膚因失去彈性而顯得鬆弛。所以，擔心因懷孕而使身材大走樣的孕媽咪，運動是最好的辦法，且從懷孕初期就要持續每日運動，這能讓妳更輕鬆地執行產後減肥計畫哦！

3.改善孕期不適：運動可增加心肺功能、促進血液循環與身體的新陳代謝，減少孕期因需氧量增加而引起的疲倦感與呼吸不順、容易氣喘等現象，還可促進腸胃蠕動，幫助腸道排氣與排便，有效減輕脹氣與便秘的問題。

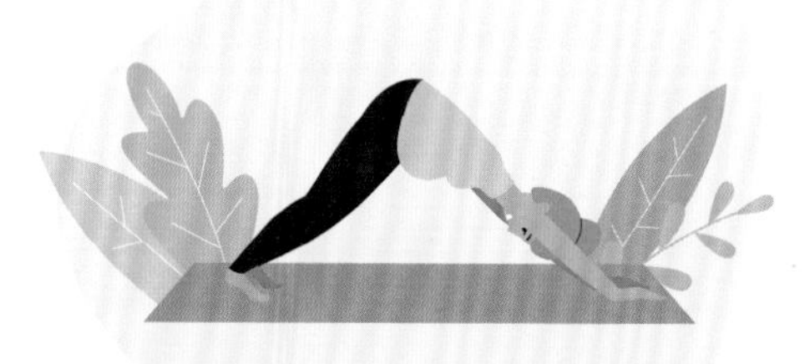

4.**改善下肢水腫**：下肢靜脈回流不佳而引起的下肢水腫現象，藉由運動來增進身體血液循環可有效幫助改善。

5.**增加身體的柔軟度**：經常做伸展運動，可避免姿勢不良所引起的腰酸背痛。

6.**促使大腦分泌讓人心情愉快的荷爾蒙**：有助於適度減輕壓力、減少情緒低落，幫助提高睡眠品質。

7.**縮短產程**：運動可增加心肺功能、肌肉強度、血氧含量，並能增強體力、使孕媽咪習慣腹式呼吸，這些都有助縮短產程及減少不必要的手術，提高自然產的機率。

8.**可有效控制妊娠糖尿病**：高齡產婦或是有糖尿病家族史者，罹患妊娠糖尿病的機率比一般孕媽咪來得高，適度運動可刺激胰臟分泌胰島素，並增加身體對血糖的利用，降低妊娠糖尿病發生的機率。

若已罹患妊娠糖尿病，更要每天運動並調整飲食，才能有效控制血糖。

CH 8

結合產前、產中、產後的「大三環」檢查，保障新生兒完整健康

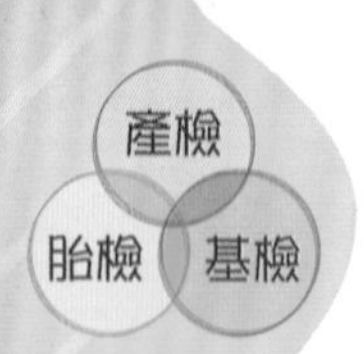

1 最新、最嚴謹的「大三環」檢查

要「預防出生缺陷，孕育健康寶寶」，產前檢查需要有最新、最嚴謹的「大三環」篩檢：

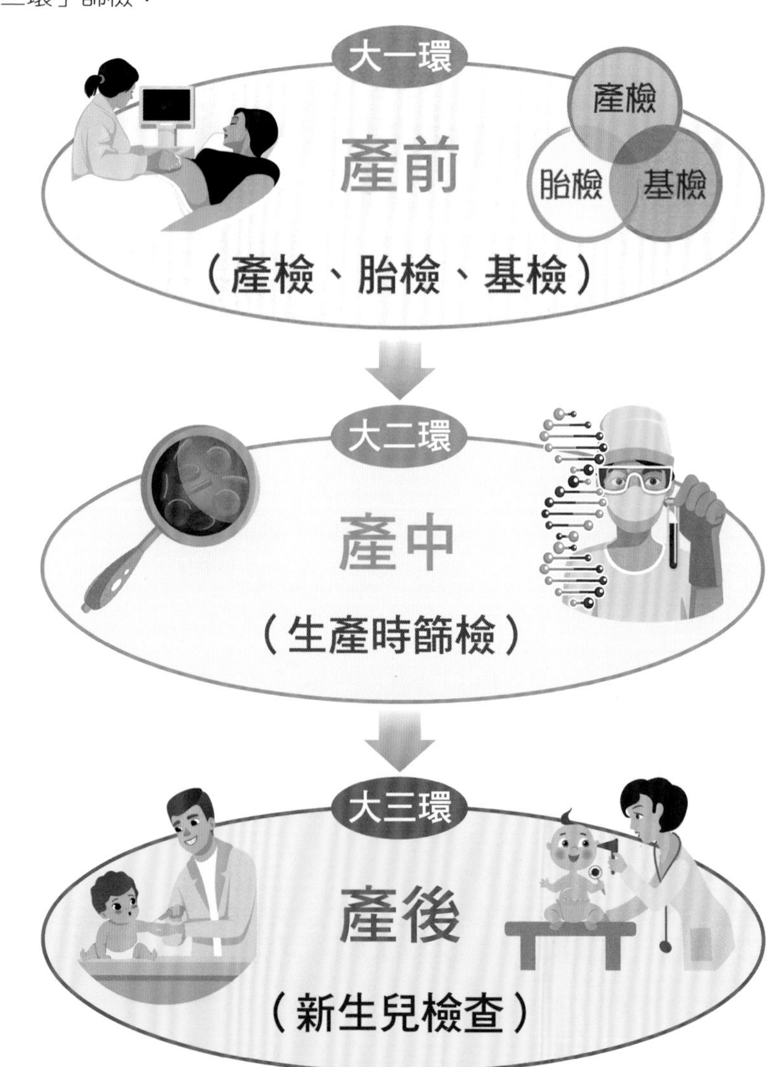

有了大三環滴水不漏的照顧，寶寶的健康及未來才能更有保障！

包括產檢、胎檢、基檢的「小三環」篩檢只是產前檢查的一部份，有很多的疾病及缺陷要在胎兒出生以後的新生兒階段才能檢查出來，所以結合產前（產檢、胎檢、基檢）、產中（生產時篩檢）、產後（新生兒檢查）的「大三環」檢查，才能確保新生兒健康的完整性。

關於「大一環」的產前檢查前文已有諸多說明，在此不再贅述，以下說明「大二環：產中（生產時篩檢）」及「大三環：產後（新生兒檢查）」。

2 大二環：產中（生產時篩檢）

產科醫師在接生寶寶時，可額外剪下3～5公分的臍帶送檢，做全面性的新生兒基因篩檢，非常簡單方便。

I.新生兒基因及染色體檢查（如果產前檢查時遺漏沒有做到）。

II.目前坊間有生技公司推出所謂的「微基解密」檢查，項目包括：

❶.新生兒體質及性向發展篩查

幼兒期

- **膳食敏感**：乳糖不耐、麩質不耐
- **維生素需求**：維生素A、維生素B_6、維生素B_{12}、維生素D、維生素E

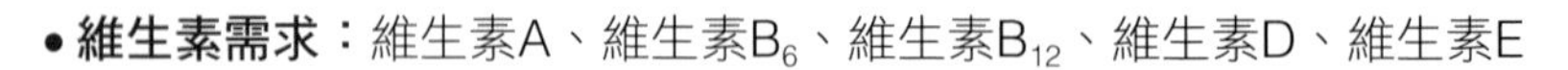

- **健康風險**：肥胖體質、氣喘罹患風險、異位性皮膚炎罹患風險
- **汙染物敏感**：塵蟎過敏風險、PM2.5敏感風險
- **流感風險**：罹患流感風險、流感嚴重度、疫苗保護力、普通感冒嚴重度

成長期

- **睡眠品質**：睡眠成效、睡眠質量
- **運動健康**：肌力、耐力、燃脂潛力、受傷風險、攝氧效率、運動復原能力

❷.新生兒用藥安全（藥物過敏）篩查

- **用藥安全**：消炎止痛藥：Celecoxib、Flurbiprofen、Ibuprofen、Piroxicam
  抗生素：Amikacin、Ceftriaxone、Gentamicin、Neomycin、Tobramycin
  抗憂鬱藥：Citalopram、Escitalopram、Sertraline
  抗癲癇藥：Clobazam

3 大三環：產後（新生兒檢查）

1.聽損基因篩檢

1. 這是新生兒非常重要的檢測，建議所有新生兒都應該做。台灣在過去的年代沒有新生兒聽損基因篩檢，導致很多新生兒在不知情的狀況下使用到抗生素，造成聽損或耳聾，成為一輩子的遺憾，尤其是粒線體12S rRNA基因的突變，導致使用Aminoglycoside類的抗生素而引起耳聾，在21世紀醫學科技進步的今天，透過聽損基因檢查，就能避免這類悲劇的發生，建議每個新生兒都要做這個檢查，才能讓人放心。

我們來看一個真實案例的報告：

新生兒基因篩檢_
常見感覺神經性聽損基因變異篩檢報告

檢體編號	HL1610001	採樣日期	105/01/03	收檢日期	105/01/04
受檢者姓名	XXX 之新生兒	性別	男	檢體種類	血片
病歷號碼	123456	出生日期	105/01/01	母親身分證號碼	A223456789
送檢單位	XX 醫院			送檢醫師	XXX
醫囑/臨床診斷	新生兒感覺神經性聽損基因變異篩檢			報告日期	105/01/15

◎ 檢驗方法:

檢測基因	GJB2(CX26) 基因	SLC26A4(PDS) 基因		OTOF 基因	粒線體 12s rRNA 基因
檢測區域或位點	全基因密碼區	c.919-2A>G	c.2168A>G	c.5098G>C	m.1555A>G
檢驗方法	DNA 定序	TaqMan® qPCR 基因型別分析			

◎ 檢驗結果：

檢測基因	檢測區域或位點	檢 驗 結 果
GJB2 定序分析	基因密碼區定序分析	未發現致病突變
SLC26A4 基因	c.919-2A>G 突變分析	正常
SLC26A4 基因	c.2168A>G 突變分析	正常
OTOF 基因	c.5098G>C 突變分析	正常
粒線體 12s rRNA 基因	m.1555A>G 突變分析	[m.1555A>G] / Homoplasmy

結 果 解 釋
異常，受檢者的粒線體 12s rRNA 基因發生[m.1555A>G]同質體(Homoplasmy)突變。帶有此突變者，容易因使用氨基糖苷類抗生素(aminoglycoside, 如 streptomycin, amikacin, gentamicin, neomycin, kanamycin, tobramycin, netilmicin 等)而造成耳毒性聽損，故應避免使用此類抗生素。建議與小兒或耳鼻喉科專科醫師進行相關諮詢及作聽力追蹤檢查。

◀ 這就是一個會對抗生素過敏造成聽損的異常基因報告，可以提醒父母親小心，避免造成永久性聽損的遺憾，這是人類發展的福音，建議每一位新生兒都應該接受聽損基因篩檢。

II.聽損大多屬於突變或隱性遺傳

約有1/3感覺神經性聽損的病童可以在GJB2基因、SLC26A4（PDS）基因及粒線體12S rRNA基因找到致病突變。聽損基因突變大多屬於隱性遺傳，若夫妻雙方皆為帶因者，即使聽力正常，下一代仍有25%的機會發生聽損。

●新生兒基因篩檢——常見感覺神經性聽損基因變異篩檢報告

檢測基因	檢測區域或位點	檢驗結果
GJB2定序分析	基因密碼區定序分析	[c.109G>A, p.V37I] / Heterozygote
SLC26A4基因	c.919-2A＞G突變分析	[c.919-2A＞G] / Heterozygote
SLC26A4基因	c.2168A＞G突變分析	正常
OTOF基因	c.5098G＞C突變分析	正常
粒線體12s rRNA基因	m.1555A＞G突變分析	正常

結果解釋：帶因，受檢者的一套GJB2基因及SLC26A4基因分別發生變異。由於GJB2及SLC26A4基因導致的聽損皆屬於隱性遺傳，若受檢者的新生兒聽力篩檢結果為正常，則受檢者應僅為GJB2及SLC26A4基因突變帶因者，不會因這兩個突變而導致聽損。

許多原因不明的感覺神經性聽損患者，當透過基因檢測找到致病原因後，可評估日後病情的發展，及早安排有效的治療及復健，可讓寶寶康復到最佳狀況。

III.傳統的物理性新生兒聽力檢查無法篩檢出一些輕度、晚發性或耳毒性聽損，結合「傳統物理性聽力篩檢」（請參閱本章P.170）與「新生兒聽損基因篩檢」，將可提供寶寶更全面的保護。

2.呼吸中止症基因篩檢

身為醫護人員，我們時常聽到有新生兒猝死的案例，這是一種與呼吸控制中樞病變有關的染色體顯性遺傳疾病，發生率約為1/10000～1/200000，患者不具有神經肌肉、心臟、腦部或肺部方面的病灶，但在出生後即對血中二氧化碳及血氧濃度的敏感度降低，導致新生兒在睡眠時容易失去控制呼吸的能力；嚴重者連醒著也沒辦法自主呼吸。由於此病症多發生在新生兒時期，且大部分沒有家族史，故某些嬰兒猝死個案可能與此症有關。

大部分患者發病為本身的PHOX2B基因發生突變，非為父母遺傳；若在新生兒時期透過基因檢查及早診斷出來，就能給患兒適當的呼吸輔助治療，降低新生兒睡夢中猝死的機率；患者長大後睡眠呼吸中止的情況可漸漸緩解及改善。

國內的新生兒常規檢查都會使用採血卡採集腳跟血進行代謝疾病篩檢，此時可多採集一片採血卡做此症的基因檢查，這項檢查需自費。

3.先天性巨細胞病毒（CMV）篩檢

這是目前非常重要的新生兒感染疾病，也是聽損寶寶很重要的疾病之一。除了透過懷孕初期的TORCH篩檢外，它幾乎是「產前無法診斷，產後無藥可醫」的典型代表疾病，千萬不可大意，所以新生兒做CMV病毒篩查就非常重要！

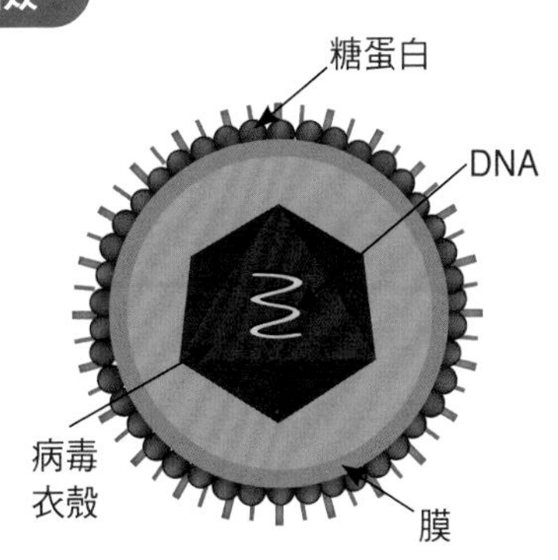

巨細胞病毒結構

已開發國家人口中，約有70%～80%是

巨細胞病毒的帶原者，容易透過人際接觸傳染，初次感染CMV後，有很長一段時間病毒會繼續在喉嚨分泌物、尿液及精液中出現，之後會潛伏在單核球中。免疫能力正常的人在感染CMV後通常無症狀，但在免疫不全的人身上就可能危及生命，未滿6歲的孩童則可能出現昏睡、呼吸困難、驚厥、意識運動障礙、智力遲鈍、肝脾腫大、耳聾和中樞神經系統異常等較嚴重的症狀。

孕媽咪如果在懷孕早期初次感染，約有1/3的機會會經由胎盤傳染給胎兒。感染CMV的新生兒有20%會出現中樞神經方面的問題，包含12.6%會逐漸出現聽力異常的情形；在出生後兩週內進行基因檢查，可確認新生兒是否為先天性CMV感染患者。

4.新生兒健康及藥物風險基因檢測

不論你是新手爸媽，還是經驗老到的父母，照顧寶寶都不是容易的事，像是營養攝取、過敏、用藥安全、流感風險、睡眠等，都因為每個寶寶先天體質不同而有不同的反應，所以照顧方式也會不一樣。

預知因是一種新的檢測方式，使用專屬華人的基因檢測晶片，設計出適合亞洲人的基因檢測。透過基因檢測，可以提前掌握寶寶先天體質，超前部署，量身打造適合寶寶的照護方式，遠離風險，幫助寶寶健康持成長。

寶寶營養攝取

寶寶在成長過程中，需要各種維生素營養補充，而基因型會影響維生素的吸收代謝，透過檢測可以了解寶寶維生素A、維生素B_6、維生素B_{12}、維生素D、維生素E、葉酸攝取需求，避免攝取過多或不足，導致免疫力下降或罹患其他疾病的可能。

膳食過敏/汙染物敏感

有些寶寶對於某些食物的吸收消化會產生不適，可能造成腹瀉、腹脹、便祕或皮膚搔癢紅腫，有些則對環境乾濕、空氣乾冷、刺激物（如：動物毛髮、地毯）、塵蟎或交通汙染物等較為敏感，造成打噴嚏、鼻塞、流鼻水、皮膚癢、紅疹等症狀，甚至可能誘發異位性皮膚炎和氣喘。

從基因檢測中，我們可以了解寶寶天生的過敏體質，讓您提早做好生活防護與照顧規劃，避免踩到地雷，引發寶寶過敏不適。

兒童常用藥物

寶寶在成長過程中，難免會感冒生病，而寶寶的基因型與藥物吸收代謝有關，會影響藥物的療效及副作用。基因檢測可以幫助您留意寶寶對於常用藥物是否容易產生不良反應，有助於醫師在調整藥物劑量及開藥時的參考。

流感風險

每個寶寶的體質不同，免疫能力也不一樣，可以從基因層面提前知道寶體質是否容易得流感，及對於流感疫苗的保護效力與施打後是否較易有發燒的情況，幫助您提早預防，降低寶寶被病毒感染的機會，與未來施打流感疫苗的參考。

寶寶睡眠品質

寶寶時常睡不安穩、半夜哭鬧，一直是爸媽照顧上的難題。根據2017年新世紀台灣嬰幼兒健康調查顯示，台灣嬰幼兒的睡眠時間少於建議的睡眠時數，這是值得注意的問題，因為睡眠時間與睡眠品質可能影響寶寶的腦部發展、生長發育，甚至是身心情緒，透過檢測能了解寶寶的睡眠品質，讓您在生活照顧上更加容易。

5.新生兒生理異常檢測

1.聽力篩檢

研究顯示，每1千位新生兒中約有1～2位患有先天性雙側中度或重度聽損。先天性聽力障礙的寶寶，若能透過新生兒聽力篩檢及早發現，並於出生後6個月內接受治療，未來在語言、認知及溝通技巧等方面的發展，幾乎可與正常小孩相當。

篩檢時機：

建議在寶寶出生後24～60小時內進行。

篩檢結果及注意事項：

1.結果為「不通過」：必須再接受進一步的聽力檢查，確認寶寶聽損狀況。

2.結果為「通過」：表示寶寶目前的聽力與正常寶寶相同或接近。但由於有些後天性聽損是在寶寶出生後一段時間，或是在成長過程中才發生，例如先天性細胞病變導致的遲發性聽障，或是後天因中耳炎等疾病造成的聽力損失，因此在寶寶成長過程中，家長仍需時時觀察嬰幼兒的行為，留意他們的聽力及語言發展，如有異狀應盡快前往專業醫療院所檢查。

政府已全面補助新生兒聽力篩檢，出生3個月內的寶寶均可免費（只需要付材料費用）接受篩檢。建議合併聽損基因篩檢（P.165）一起檢查。

2.超音波檢查

A.心臟超音波

新生兒先天性心臟病的發生率為0.7%～1%，有些病兒在剛出生時幾乎沒有任何症狀，使得錯過治療的黃金時機，藉由超音波檢查可早期診斷出先天性心臟病，掌握黃金治療時機。

B.腦部超音波

孕媽咪產檢時因胎兒腦部結構複雜及姿勢等問題，常常無法徹底檢查，而剛出生的寶寶因為前囟門尚未閉合，正是做腦部超音波的好時機，這時可清楚觀察寶寶的腦部結構。

C.腎臟超音波

寶寶的腎臟泌尿系統在出生後會慢慢成熟，腎臟超音波可檢查腎臟結構，用於排除水腎、腎盂阻塞、先天性腎臟結構異常等疾病；另外，產檢時若看到寶寶有腎盂擴大的現象就應該做這項檢查。

超音波檢查不會有輻射，對初生寶寶很安全。

3.先天性髖關節脫臼（DDH，Developmental Dysplasia of Hip）

DDH是發生在新生兒非常重要且嚴重的疾病，發生率與唐氏症相當，分為先天與後天兩類：

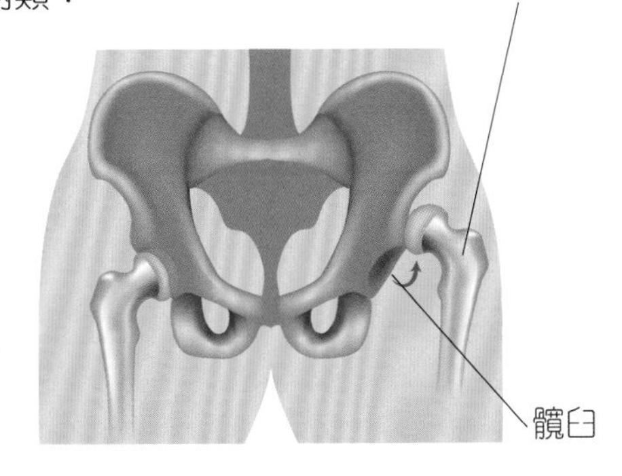

先天

1.家族病史：如果父母之一曾有DDH，那麼子代發病率為12.5%，是普通人的12倍。

2.胎位不正：胎兒雙腿若擠在一起即會增加罹患DDH的風險。

3.性別：女性發生DDH佔比約8成，可能是女性胎兒比較容易受到來自媽媽的荷爾蒙影響所致。

4.孕期狀態：羊水過少可能造成胎兒移動空間有限，使DDH發生機率增加。

5.第一胎：發生機率約6成，原因可能為子宮彈性相對較小。

後天

嬰兒出生後如果雙腿沒有充分的彎曲空間，就很容易引發DDH。回想幾十年前，那時小孩出生後多是由母親用背巾揹著，一是方便哺乳，二是那時生活條件較差，女性生育後仍須負擔許多勞務，把孩子揹著較方便工作。儘管現代看來「刻苦」的育兒方式，但那時很少有DDH的患兒，反觀現代版的育兒背巾（兩者差異見下圖），雖然美觀，但其實不利寶寶雙腿充分彎曲，所以，要預防寶寶發生DDH，經常用傳統背巾揹負就是一個很好的方法。

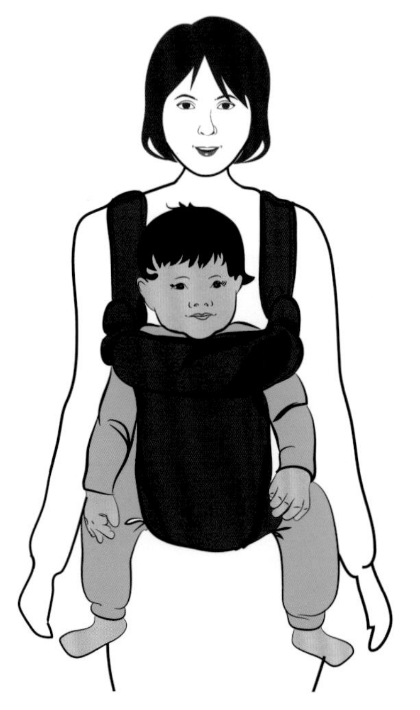

腿部姿勢不利髖關節發育（圖A）

腿部姿勢有利髖關節發育（圖B）

＊新生兒背巾有效保護髖關節發展

如果DDH的症狀在寶寶2歲以後才發現，就註定一輩子長短腳，一旦發病，40歲以後股骨頭就會壞死，需置換人工關節；若是出生兩個月內發現，只要使用矯正帶就可痊癒。

說起來巧妙，幾十年前媽媽們常用將寶寶揹在背後的新生兒背巾，就是天然的矯正帶（圖B），讓寶寶不會發生DDH，現代人則喜歡將寶寶揹在前方（圖A），或根本不揹負，因此DDH的病患大增。

還好，DDH如果早期發現（出生兩個月之內），只要使用矯正帶就可以痊癒；如果2歲以後才發現，將不只是長短腳的問題，還會是一輩子的悲劇。

以前沒有檢查DDH的方法，現在有超音波可以及早檢查、及早發現、及早治療，建議新生兒一定要做這項檢查。此項檢查需自費。

6.新生兒先天性代謝異常疾病篩檢（簡稱「新生兒篩檢」）

目的：在新生兒出生後早期進行檢測，能早期發現寶寶是否患有先天性代謝異常疾病，而給予患兒妥善的治療，可減少疾病造成寶寶身體或智能上的損壞。

時間：醫療院所會對出生48小時候的新生兒採取少量的腳跟血液，寄交衛福部國民健康署指定之新生兒篩檢中心，進行先天性代謝異常疾病檢測。

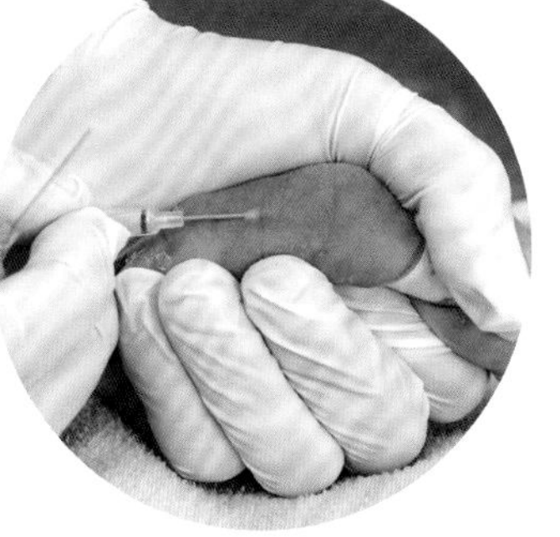

檢查項目：

一、國民健康署指定21項檢查項目：

• 葡萄糖-六-磷酸鹽去氫酶缺乏症（G-6-PD缺乏症，俗稱蠶豆症）	• 半乳糖血症 • 瓜胺酸血症第I型
• 先天性甲狀腺低能症	• 瓜胺酸血症第II型
• 先天性腎上腺增生症	• 三羥基三甲基戊二酸尿症
• 中鏈醯輔酶A去氫酶缺乏症	• 全羧化酶合成酶缺乏
• 戊二酸血症第一型	• 丙酸血症
• 苯酮尿症	• 原發性肉鹼缺乏症
• 異戊酸血症	• 肉鹼棕櫚醯基轉移酶缺乏症第I型
• 甲基丙二酸血症	• 肉鹼棕櫚醯基轉移酶缺乏症第II型
• 高胱胺酸尿症	• 極長鏈醯輔酶A去氫酶缺乏症
• 楓漿尿症	• 早發型戊二酸血症第II型

二、11項自費檢查項目：

● 嚴重複合型免疫缺乏症（SCID）	● 生物素酶缺乏症（BD）
● 龐貝氏症	● 腎上腺腦白質失養症（ALD）
● 典型法布瑞氏症（FAB）	● 裘馨氏肌肉失養症（DMD）
● 高雪氏症（GD）	● 脊髓性肌肉萎縮症（SMA）
● 黏多醣症第1型（MPSI）	● 芳香族L-胺基酸脫羥基酵素缺乏症（AADC）
● 黏多醣症第2型（MPSII）	

為減輕孕媽咪負擔，有些醫療院所推出自費9+2優惠，也就是自費做以上前9項檢驗，再送後2項，等於只要自費9項，就能讓寶寶得到更完整（11項檢查）的保護，「預防出生缺陷，孕育健康寶寶」。

結論：讓孩子儘早接受新生兒篩檢及相關健康檢查是非常重要的，透過新生兒篩檢可以幫孩子早期發現症狀不明顯的先天性代謝異常疾病，及早於黃金治療期間提供妥善的診治，使疾病對身體或智能之損害降到最低。

- 以SMA來說，過去得這個病無法治療，可說是絕症，但從2016年起，SMA有治療用藥了，且對病童來說，愈早治療效果愈好！

CH 9

孕期疑問那麼多，大 B 哥來解惑！

Q 1.胎位很低會早產嗎？

大B哥說

胎位高低跟會不會早產沒有關係，子宮頸長度跟會不會早產才有關係。一般懷孕36～37週時胎頭會下降到骨盆腔，這是自然現象，也是即將生產的徵兆。

早產風險的監測重點在子宮頸長度（子宮頸內口至外口的距離），可透過陰道超音波做測量。

懷孕20～24週時，子宮頸長度平均為3.6cm，如果長度小於2cm，可能是子宮頸過短，早產的風險會隨著子宮頸長度變短而緩慢增加，若短於2cm，風險就會快速增加，成為早產的高危險群。

要預防胎位過低可使用托腹帶，也要少拿重物、少蹲下，心情放輕鬆也很重要哦！

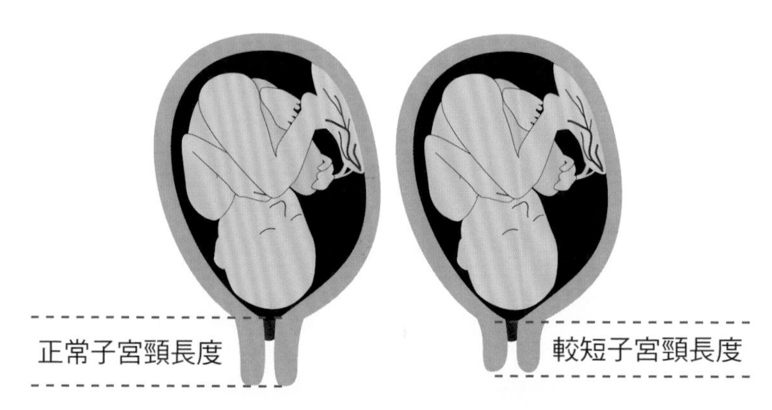

子宮頸長度跟會不會早產才有關係

Q 2.孕媽咪騎機車會導致早產嗎？

大B哥說

在台灣，機車是方便的交通工具，根據交通部最新統計，全台機車數量超過1400萬輛，等於每10個人就有6輛機車，所以很多騎機車的孕媽咪有這樣的顧慮，我要告訴大家：騎機車本身不會導致早產，但若摔車就可能引發早產。

懷孕後如果不能立即捨棄機車作為交通工具，為了您跟肚子裡寶寶的安全著想，須注意以下安全提醒：

1.路程不要太遠，最好在20分鐘以內。

2.騎寬廣平坦的道路，不要在小巷子穿梭。

3.照明不足、路面顛簸的地方不要騎。

4.慢慢騎，趕路的話最好不要騎。

5.身體不舒服時不要騎。

6.不要載人或載重物。

遵守這些原則，孕媽咪騎機車還是可以的，不用擔心會引發早產，不過還是要建議孕媽咪，到了懷孕後期（28週開始），盡可能不要騎機車，外出時搭乘大眾交通工具會比較安全。

Q 3.孕媽咪可以喝酒、抽菸嗎？

大B哥說

菸品產生的主要有害成分是尼古丁和一氧化碳，這些有害成分會直接侵入胎盤，並通過胎盤輸送給胎兒，對胎兒造成損害，比如會影響智力，導致胎兒出生後理解力和記憶力下降，還可能增加胎兒神經管畸形、足內翻、唇顎裂等多種出生缺陷。

菸品的有害物質進入孕媽咪的血液會引起血液血氧含量降低，胎兒在宮內易因缺氧而影響生長發育，有害物質還會減少孕媽咪體內黃體酮的分泌，導致發生流產。即使孩子出生，也會增加罹患心血管疾病、泌尿系統疾病等風險。

另外，喝酒對胎兒的危害也很嚴重。孕媽咪飲酒後酒精會進入胎盤，如果進入胎盤的酒精量大，可能會破壞胎兒的中樞神經，影響腦部結構，導致胎兒出生後出現智力障礙，還可能增加流產、早產的風險。

如果孕媽咪酗酒，嚴重者會發生胎兒酒精綜合症，主要表現為胎兒智力障礙及畸形。而酒精危害的嚴重程度與孕媽咪喝酒的量和次數也有關，如果只是偶一為之，並不會有嚴重的影響。

雖說少量抽菸或飲酒對胎兒可能不會產生嚴重不良影響，但仍要注意，在備孕期及孕期最好戒菸戒酒，生活規律，均衡飲食，保持良好的生活習慣，這樣既是對自己負責，也是對後代的健康負責。

Q 4.孕媽咪可以喝咖啡嗎？

大B哥說

有研究證實，孕媽咪攝取過量咖啡因跟胎兒體重過輕有關係。簡單來說，孕期每增加攝取100mg咖啡因，便會增加13%低體重的風險，但只少量攝取的差別不大，且攝取越多差別越大；另外，有研究發現，較高的咖啡因攝入和較高的孕媽咪流產風險有正相關。

2000年《新英格蘭期刊》曾分析了500多個發生自然流產和1000個沒有發生自然流產的孕媽咪，試圖分析喝咖啡與懷孕的關係。研究發現攝取咖啡的量越多，跟自然流產的機率增加是有關係的，而增加的幅度大約是1.3～1.6倍。但研究同時也發現，咖啡攝取過量的孕媽咪也容易吸菸過量，所以不排除是吸菸的影響，且會提高流產風險是因為咖啡攝取超過了建議量。

雖然咖啡因攝入與流產和胎兒健康的關係並沒有足夠且明確的證據，但本著謹慎為上的原則，仍建議女性在懷孕和哺乳期間咖啡因攝入量每日不要超過200mg，在這個範圍內適量飲用，並不會對孕媽咪及寶寶的健康造成危害。

註：以濾掛式咖啡包為例，每包咖啡因含量約為130mg，一天一杯不會有太大影響，孕媽咪可放心飲用。

Q 5.懷孕了，我該補充綜合維他命嗎？吃哪些維生素比較不會抽筋？

大B哥說

如果飲食均衡，人體需要的各種營養素通常就能從食物中獲得，但懷孕期間因為需要更多的營養，適時以營養補充品來補足孕媽咪身體所需的營養素是可以的，尤其以三種營養素最重要：

1.葉酸（懷孕16週前）

2.DHA（懷孕20週後）

3.維他命D+鈣片

鎂離子礦泉水

另外，以往常認為孕期小腿抽筋是缺鈣所引起，但最新研究指出，體內的鈣鎂不平衡也會引發抽筋，所以提醒孕媽咪們，懷孕期間不只要補鈣，也要注意補鎂，鈣鎂平衡就比較不會抽筋，而市售的加鎂礦泉水即可方便補充身體不足的鎂離子。

Q 6.吸入過多汽機車排放的廢氣會影響孕媽咪及胎兒健康嗎？

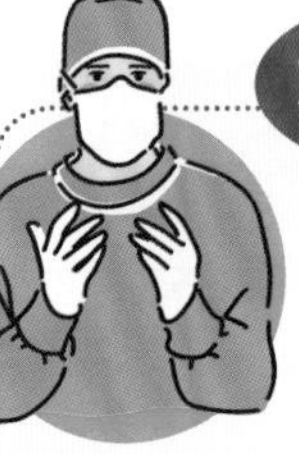

大B哥說

這是當然的。首先是汽機車廢氣對孕媽咪本身的危害，汽機車廢氣的有害物質主要為一氧化碳、氮氧化物、碳氫化合物等。

一氧化碳是燃料在發動機內燃燒不完全的產物，它與人體血紅蛋白的結合力遠高於氧與血紅蛋白的結合力，所以一氧化碳削弱了血紅蛋白向人體組織輸送氧的能力，影響神經中樞系統，嚴重時會造成中毒死亡。

氮氧化物能導致呼吸困難、呼吸道感染和哮喘等症狀，同時會使肺功能下降。

碳氫化合物是燃料在發動機中燃燒不完全和燃料揮發所形成，包括多種烴類化合物，部分烴類化合物有致癌性，進入人體後會產生慢性中毒。

而汽機車廢氣對胎兒的影響則包括：

1. **胎兒體重過輕**：科學家長期研究後發現，孕媽咪吸入汽機車廢氣中的顆粒物，尤其是鉛，容易導致新生兒出生時體重過輕，這是由於廢氣中的多環芳香碳氫化合物侵入胎盤而影響胎兒發育所致。
2. **癡呆兒的風險增加**：研究指出，懷孕前3個月，母體吸收過多的鉛90%會通過胎盤傳輸給胎兒，有可能引起胎兒先天性鉛中毒、神經系統缺陷而成為癡呆兒。
3. **畸形兒的數量增加**：廢氣中的氧化氮、鉛會經由胎盤傳送給胎兒，這些可能導致胎兒畸形，或出現先天性心臟病及唇顎裂等缺陷。

為避免這些危害，孕媽咪要做好自我防護，減少處在汽機車廢氣聚集的地方，若不能避免要戴上口罩，回家後將身上的衣物盡快換洗，才能減少傷害。

Q 7.孕媽咪能不能運動？

大B哥說

可以，且運動對孕期血糖控制很有幫助，可改善葡萄糖的耐受性；據統計，15～20分鐘的運動可降低20～40mg/dl的血糖，還能控制體重、維持或提高體能、紓壓助眠、減少背痛、便祕和腹脹，還能提升胎兒的血管彈性，降低心血管風險。

如果懷孕前沒有運動習慣，只要不是醫師特別叮囑不能運動，都可以在懷孕3個月（胎兒較穩定）之後開始漸進式運動。

散步、快走、水中運動、游泳、健身腳踏車、飛輪、有氧課程、孕媽咪瑜珈、皮拉提斯等都是適合孕媽咪的運動，但最好在專業教練的指導下進行。

運動時間建議從每天5～10分鐘開始，每週逐步增加5～10分鐘，原則每天不超過60分鐘，每週達到150分鐘，做到可以說話但無法唱歌的中強度運動量即可。

若是有血糖問題的孕媽咪，運動前要先測量血糖，確認有無血糖異常狀況（血糖＜60 mg/dl或＞200mg/dl），另外要穿著合適的衣著，尤其要能提供支撐給日漸增大的乳房及腹部，以增加對身體的保護，並準備足夠的水分，在運動前中後隨時補充，避免脫水。

不適合運動的族群包括：子癲前症或妊娠高血壓、多胞胎妊娠併有早產風險、前置胎盤（懷孕26週以上）、子宮頸閉鎖不全或做子宮頸環紮術、早產或早期破水、子宮內生長遲滯、持續出血（懷孕12週以上）。

Q 8.產檢一定要照陰道超音波嗎？

一般來說，如果胚胎還太小、孕媽咪子宮後傾或腹部脂肪較厚，陰道超音波可較腹部超音波更早、更準確了解胚胎的生長狀況；其次，懷孕中後期有出血等早產徵兆時，醫師需要測量子宮頸長度（小於2～2.5公分發生早產的機率較高），這時也須選擇比較準確的陰道超音波來做檢查。

做陰道超音波時會用新的保險套包覆探頭，不會有感染的風險，也不會引發流產，且照超音波的時間通常不會太長，也不是天天照，不用擔心會有副作用。

Q 9.孕期出現胃食道逆流怎麼辦？

大B哥說

超過半數的孕媽咪會出現這類問題，且多出現在第一孕期晚期或第二孕期早期，孕媽咪除了會產生胸口灼熱的感覺，還會出現噁心、打嗝、上腹痛、聲音沙啞、慢性咳嗽、消化不良等症狀，這些症狀會隨著懷孕晚期肚子變大愈來愈明顯。

孕期易出現胃食道逆流的原因在於孕期黃體素分泌增加，讓腸胃蠕動變慢，使食物容易在腸道堆積，雌激素濃度升高則會讓下食道括約肌變得比較鬆弛，當食物在腸胃累積過多，胃液就容易逆流到食道；至於第一孕期下食道括約肌雖然沒有明顯鬆弛，但有助食道增加張力的刺激反應（甲膽鹼、膽酯酶抑制劑）會降低，一旦腸胃蠕動變慢，胃液就可能往上逆流。

另外，子宮變大會擠壓胃部改變胃的角度、子宮變重會導致腹壓上升，這兩種風險因子也讓胃液比較容易往上逆流。

孕期出現胃酸逆流的人以高齡產婦及多胞胎產婦最常見，有胃酸逆流病史與幽門桿菌感染病史的孕媽咪，出現胃酸逆流的風險也比較大。

胃酸逆流不會影響胎兒健康，一般會透過調整飲食及作息來緩解症狀，建議做法如下：

1. **少量多餐、小口喝水**：一次吃太多食物或喝太多水會讓胃部瞬間膨脹，增加胃及賁門的壓力，所以最好少量多餐，喝水時則是一口一口慢慢喝。
2. **少吃刺激胃酸分泌的食物**：檸檬、柳橙、橘子、柚子、番茄、鳳梨等酸性水果容易刺激胃酸分泌，含咖啡因及薄荷成分的食物則會讓食道括約肌放鬆而產生泛酸，這些食物都會加重胃酸逆流；高油、高糖及油炸食物會減緩消化速度、延遲胃排空的時間；含大量可可鹼的食物，如巧克力，容易讓下食道括約肌鬆弛，這些食物也要少吃。
3. **多吃能保護胃黏膜的食物**：秋葵、山藥、南瓜、地瓜、木瓜、高麗菜和薑具有抑制胃酸、保護胃黏膜、修復潰瘍、幫助消化的作用，很適合腸胃功能較差或有腸胃疾病的人食用；優酪乳可改善腸道菌叢、提升消化功能，可適量多吃。

4.睡覺時左側躺：右側躺時胃比食道高，容易讓胃液回流到食道，左側躺時胃比食道低，較不容易產生胃液回流的問題。

5.睡覺墊高頭部：平躺容易讓胃液逆流到食道，睡覺時稍微墊高頭部可以讓食道高於胃部，避免胃食道逆流。

6.飯後3小時避免躺平：胃平均需要4～5小時才能排空食物，飯後至少要預留3小時讓胃充分消化食物，這段時間最好讓上半身保持直立。飯後如果想休息，可以用靠墊枕在身後坐著休息。

7.穿寬鬆的衣物：太緊的衣服會壓迫胃部導致胃容積縮小、腹壓增加，孕期應儘量穿著寬鬆衣物以免壓迫胃部。

Q 10.懷孕期間可以有性生活嗎？

大B哥說

在懷孕初期胚胎還不穩定時應該避免，待懷孕中期胚胎穩定後（一般為懷孕8週以上），只要沒有流產跡象（例如出血、子宮收縮頻繁），都可以有性行為，但要注意姿勢，留心不要壓到肚子。

到了懷孕後期，若需要安胎，建議不要有性行為。若想做的話也建議不要在陰道內射精，因為精液裡有前列腺素，會誘導子宮收縮；假如沒有早產跡象，也不需要安胎，則可正常射精無妨，無需禁忌。

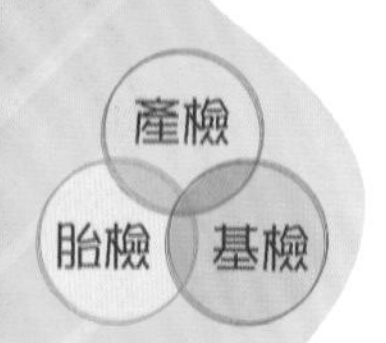

Q 11.孕媽咪可以搭飛機嗎？

大B哥說

可以，因為機艙壓力通常都經過調整，可不用擔心，比較怕的是血栓，但短程飛行沒問題，若是10幾個小時的長程飛行，一旦發生血栓堵塞血管會很危險，因此長途飛行時應適時活動四肢，或在允許走動時起身活動。

飛行期間要盡可能多喝水，在空氣乾燥的飛機上脫水會使血液變濃稠，更容易出現凝血；最好穿上孕媽咪專用的彈性褲襪（也叫做循序減壓彈力襪），這種長襪會緊裹雙腿，有助血液流通。有研究表明，長途飛行時穿上減壓彈力襪能減輕腿部腫脹，大幅減輕血栓出現的可能性。

另外，肺栓塞是週產期危險性極高的病症，孕媽咪穿減壓彈力襪對預防肺栓塞也很有好處。

Q 12.產前檢查能確保百分之百無風險嗎？

大B哥說

首先要知道，產檢不是萬能的！儘管現代的產檢技術已經非常先進，但問題可能是在產檢之後才出現，因此建議孕媽咪要按時做產檢，儘管檢出率並非百分之百，但可有相當高的檢出率。

另外要提醒孕媽咪，健保給付的14次產檢（2021年7月1日起衛福部將產檢次數由10次調升為14次）是基本的檢查，其他的自費產檢若預算可負擔，最好都做，可減少風險。

Q 13.怎麼知道胎動是不是正常？

大B哥說

計算胎動有以下幾種方法：

1.在早、午、晚各用1個小時來測胎動，如果平均每小時內有3次以上的胎動就算正常。

2.如果一日中白天時段（從早上太陽出來到傍晚太陽下山，大約10～12小時）可以察覺胎兒有10次以上的胎動就算正常。

3.每天固定挑選一個時段（約3小時）來記錄胎動，3小時之內有10次胎動就算正常。

胎動突然減少是非常危險的，提醒孕媽咪，若今天的胎動比昨天少一半，或胎動比正常情況少很多，就要盡快到醫院檢查，尤其是高危險群、有內科併發症者（如高血壓、高血糖）要特別注意，預防潛藏危機！

Q 14.臍帶繞頸時寶寶會有危險嗎？

臍帶繞頸很常見，繞頸的臍帶通常是鬆的，所以大多不會有事；臍帶繞頸不會讓胎兒窒息，因為胎兒不是靠呼吸道呼吸，但如果繞得太緊，使臍帶內血液循環失常，就可能出問題。

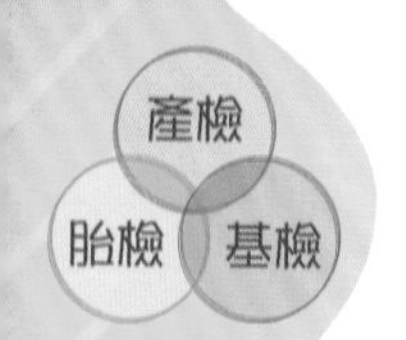

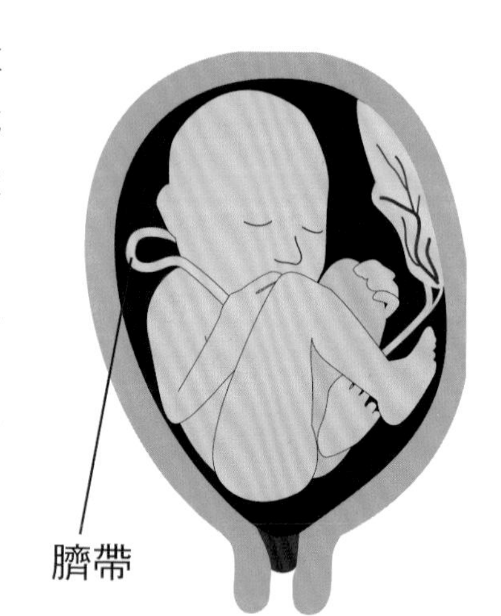

有些準爸媽擔心待產時胎位下降拉扯繞頸的臍帶寶寶會有危險，這也不用擔心，因為胎兒監視器會顯現變化，萬一有問題，醫師會判斷要不要馬上將寶寶生出來。

一般而言，懷孕20週以後才比較有可能出現臍帶繞頸，但這時出現臍帶繞頸不用太過擔心，因為寶寶一直在媽媽的肚子裡動來動去，纏上了多數情況可以自動解開，但如果是懷孕30週以後，寶寶體型變大了，肚子裡的活動空間變小，這時纏上就比較不容易自動解開，所以要特別注意！

臍帶的韌性很強，且非常有彈性，簡易的結很容易自動鬆開，但如果胎動太頻繁，有可能形成「死結」（真結，發生率約1.1%），雙胞胎尤其容易發生。真結可能造成靜脈血滯留、靜脈管壁血栓和胎兒缺氧，而造成胎兒死亡或罹患神經系統疾病；6%～10%的死產胎兒身上可見到真結。

超音波可診斷胎兒有無臍帶繞頸，但一次超音波沒看到臍帶繞頸，不代表以後就沒有這個問題；反之，這次超音波看到臍帶繞頭，也可能下一次看時就解開了。

臍帶繞頸一般不需要剖腹生產，但如果繞的圈數較多，且有真結的問題，建議還是採剖腹產比較安全。

Q 15.孕媽咪生病了可以吃藥、擦藥嗎？

大B哥說

可以，但要分辨藥物的使用等級。美國食品藥物管理局（FDA）將孕媽咪用藥危險等級分為A、B、C、D、X五級，基本來說，A、B級藥物無危險性，大致是安全的；C級藥物能不用就避免，除非病情需要，通常不建議優先使用；D級藥物除非有醫療上的理由，否則最好停用；X級則絕對不能用。

孕期用藥分級

等級	說明
A	依據有對照組的人體試驗顯示，沒有致畸胎之虞，無危險性
B	動物實驗無胎兒危害，但沒有人類的研究報告；或動物實驗看到不良作用，但人類實驗沒有不良作用，一般孕期仍可使用
C	在人或動物沒有適當的研究，或動物實驗有不良作用，但缺乏人類研究報告，所以無法排除危險性，在使用上要注意
D	證據顯示有危險性，對胎兒有不良影響，除非母體疾病必需，且使用的好處大於壞處時才使用
X	胎兒的致畸胎作用明顯大於任何好處，孕媽咪禁止使用

Q 16.羊水太多或太少會有問題嗎？該怎麼辦？

大B哥說

孕媽咪羊水太少要很小心，要擔心是不是破水，若不是破水，則要擔心胎兒是否發育遲緩、胎盤功能不好，或胎兒泌尿系統、腎臟有問題。

羊水過少比過多的問題重要，若發現腎臟有問題，要看胎兒這時出生有沒有辦法存活，若週數夠，生出來還有存活的機會；最怕是胎盤功能不好，繼續懷孕反而會胎死腹中。

羊水太多有些是正常的，例如胎兒健康，解很多小便；而異常的羊水過多可能跟糖尿病、先天異常（如唐氏症）、腸胃道阻塞、其他系統問題等有關。若沒有問題仍要小心追蹤，因為羊水過多容易早產。

Q 17.子癲前症高風險該怎麼辦？

大B哥說

子癲前症發生的原因與胎兒引發母體的免疫反應、胎盤功能不良有關，若子癲前症患者的血管擴張不佳，在懷孕初期胎兒不大時可能沒察覺，但隨著胎兒增大，患者的血管管徑較正常大小差1倍，產生的血流差異將達到16倍，這時就會影響胎兒生長。此時母體的血壓會不斷升高來增加供應量，使血管阻力跟著不斷增加，形成惡性循環，最後就必須馬上終止妊娠，才能即時保住母親與胎兒的生命。

高風險族群包括：

1.（35歲以上）高齡產婦

2.懷孕前即有高血壓、糖尿病、腎臟疾病

3.胎兒水腫

4.羊水過多

5.過去曾發生過妊娠高血壓

6.有自體免疫性疾病

子癲前症又叫「妊娠毒血症」，是孕期高危疾病，所幸婦產科醫學近年高速進展，現如今已有有效方法可預防。

要預防子癲前症可在第一孕期11～13週時，透過抽血及檢測胎盤生長因子（PIGF）與懷孕相關血漿蛋白A（PAPP-A），並搭配超音波進行子宮動脈血流檢查，可有效篩檢出子癲前症發生率，稱為「早期子癲前症風險篩檢」，及早發現，及早治療。（請參閱本書CH4 P.96）

在懷孕16週以前每日使用低劑量阿斯匹靈，可明顯降低子癲前症發生的機率；增加維他命C、維他命E，減少鹽分、油炸類食物的攝取，及增加每日活動量，也能預防發生子癲前症。

建議高風險族群養成每日早晚各量一次血壓的習慣，並將平日量測的血壓數值做記錄，在產檢時提供給醫師做為開立或調整藥物劑量時的參考。

Q 18.胎位不正怎麼辦？

對初產婦來說，若34週之後胎位還是不正，基本上就很少轉正了；若是二胎以上，有的前一天胎位還不正，但第二天要剖腹時就轉正了，所以通常進剖腹產房前還要照一次超音波看胎位，若胎位突然轉正就可取消剖腹產。

研究已經證實傳統做「膝胸臥式」運動對導正胎位沒有多大幫助，外轉術（註）也很少做了，現在多建議採剖腹產。

註：就是徒手將子宮內的胎兒翻轉，胎位外轉術最重要的是讓子宮放鬆，可以藉由子宮鬆弛劑，也就是注射安胎針，再循序漸進順著胎兒的背部，將頭與腳反轉。

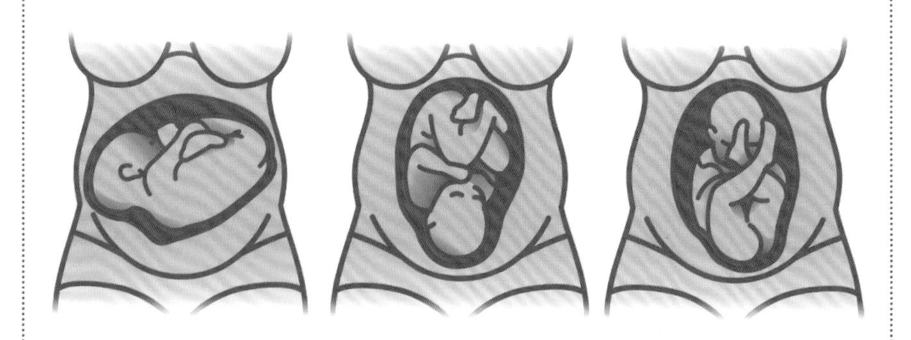

Q 19.預產期要怎麼算？

大B哥說

1.月經很準（28天來一次）

公式：（最後一次月經的第一天）—3個月+1年1週

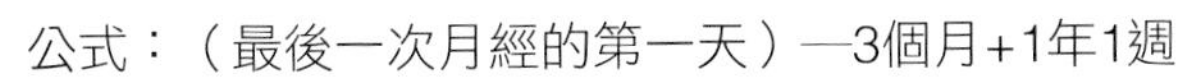

範例：最後一次月經為2020年6月15日，則預產期為2021年3月22日

2.月經不準（20～60天來一次）

必須用超音波測量胚胎長度，以確認預產期

3.預產期如果算得很準，超過預產期還沒生產的孕媽咪就要進行嚴密的胎兒監護，因為超過預產期胎盤功能會減弱，因此必須做胎兒生物物理評分（Biophysical profile）來綜合評定胎兒在宮內的安危；必要時須催生。

Q 20.孕期為什麼會全身癢？

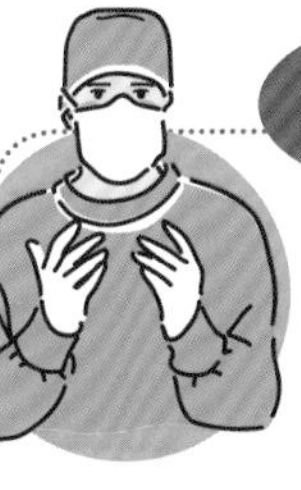

大B哥說

孕媽咪在懷孕期間，身體會因為荷爾蒙改變而引起皮膚搔癢的症狀，最常見的就是妊娠癢症（PUPPP），俗稱「胎毒」，會嚴重影響生活品質；另外就是妊娠膽汁淤積症（Intrahepatic Cholestasis of Pregnancy，ICP），這是懷孕中、晚期特有的併發症，常會出現沒有皮損的皮膚搔癢，有時合併輕度黃疸，少有其他症狀，對孕媽咪影響較小，對胎兒影

響較大，可發生胎兒窘迫、妊娠晚期不可預測的胎兒突然死亡、新生兒顱內出血、新生兒神經系統後遺症等。

孕媽咪發生ICP的機率約為2%，是一般人（0.2%）的10倍，孕媽咪一旦出現全身癢的情形應告知醫生，並檢查膽酸（cholic acid）、肝功能和黃疸指數，以便能及時發現異常，及早處理。

要避免孕期身體發癢，飲食要清淡，少吃油炸、燒烤及油膩的食物，保持排便順暢，這樣膽汁就能順利地隨糞便排出，使血漿中總膽汁酸濃度維持正常。

還要注意以下幾件事：

1.儘量穿棉製內衣，化纖衣物會刺激皮膚，導致症狀加重。

2.注意皮膚護理，勤換洗內衣褲，保持床上用品乾燥清潔。

3.不用鹼性肥皂，洗澡時水溫不要太熱。

4.勤剪指甲，避免抓癢時指甲抓傷皮膚。

5.自行監測胎動，正常情況下12小時內胎動不應少於10次，若12小時內胎動少於10次，應立即就醫。

Q 21.懷孕早期孕吐很嚴重怎麼辦？

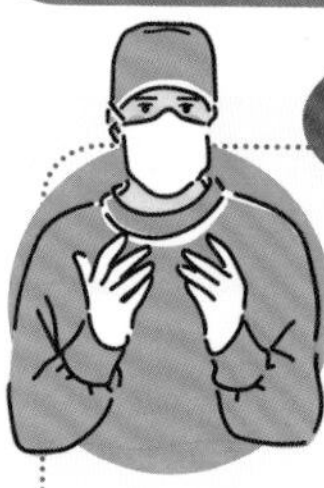

大B哥說

懷孕初期害喜的症狀包括：

1.頭暈。

2.胃不舒服，噁心、想吐、便祕、腹瀉、脹氣。

3.小腹兩側及中央抽痛，似經痛。

4.頻尿、腰痠、乳房脹痛等。

懷孕早期的孕吐、反胃、四肢無力是正常現象，約在懷孕6週時開始出現，懷孕8～10週時最嚴重，到懷孕14～16週以後才會改善。

如果孕吐非常嚴重，以至於數天無法進食，稱之為妊娠劇吐症，這會讓孕媽咪出現脫水、能量不足、代謝性鹼中毒，嚴重時可能危及孕媽咪生命。

有孕吐情況時應注意以下事項：

1.孕吐是懷孕正常現象，除非症狀非常嚴重，否則不至於影響胎兒健康，也不會增加流產的機會，請放心。

2.少量多餐：一日三餐改一日六餐，每餐吃少一點。

3.不要吃太飽：每次進食只吃六、七分飽。

4.不要空腹：正餐過後1小時，每小時吃蘇打餅乾半片，嚼碎吞下。

5.少吃不易消化的食物，如花生、硬豆乾等零嘴。

6.不要吃刺激性的食物，飲食以清淡為主，避免過油、過辣、過鹹。

7.不要攝取過多水分，如湯類、牛奶、飲料、水分多的水果，吃喝時能止渴就好。

8.選擇體積小、能量高的食物，如糖果、巧克力、冰淇淋等。

治療方式：

口服藥物→止吐針→營養點滴

Q 22.自然生產時產道擠壓胎頭可以讓寶寶更聰明嗎？

大B哥說

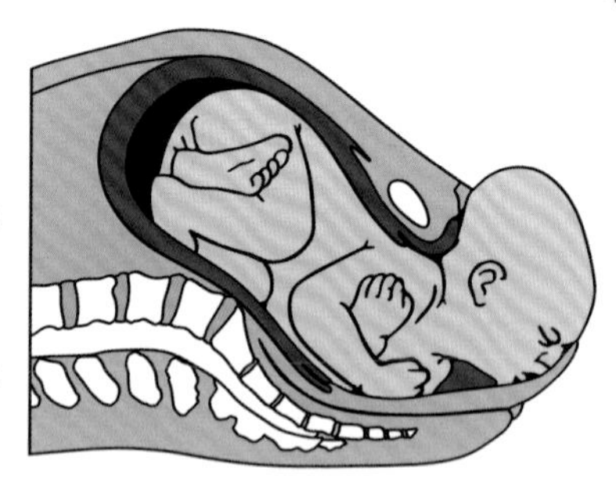

自然生產過程中，胎兒經過產道時受到擠壓，胎頭可能被拉長或者因擠壓而變形，這種情況過一段時間會自行恢復，不會對胎兒的腦容量、溝回產生影響。但醫學上還沒有研究可以證明，經產道擠壓可以增強寶寶的智力，順產的寶寶更聰明是沒有科學依據的，但自然產對新生兒肺部疾病（尤其是肺部積水）有明顯好處，這是真的！

Q 23.胎兒太大/太小怎麼辦？

大B哥說

要測量胎兒的大小，可從超音波測量雙頂徑BPD、腹圍AC、大腿骨長度FL等三項數據，經與資料庫比對換算後即可估計胎兒體重與生長週數。

如果胎兒過小

週數差別如果小於2週不需過於擔心，如果是差別2～4

週，那就要特別小心了，若相差4週以上，可能是子宮內胎兒生長遲緩，需要進一步做醫療處置。

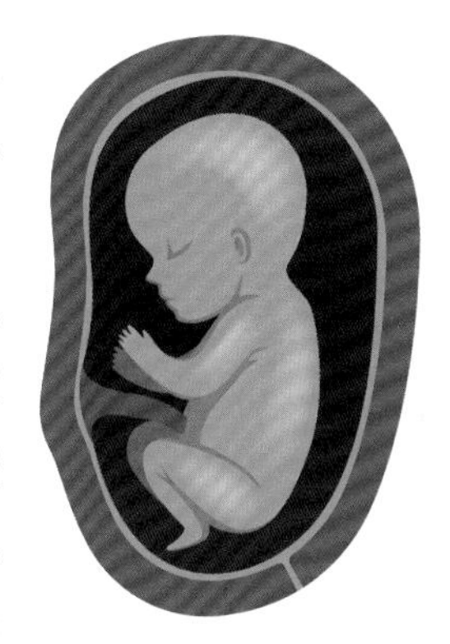

因孕媽咪營養不足而造成的胎兒過小，通常是胎兒腹圍明顯不對稱較小，這種情況只要孕媽咪補充均衡營養與充足睡眠就可以矯正過來；但如果是對稱型胎兒過小（頭圍小、腹圍也小），那就要特別注意是不是有先天疾病或感染（如：巨細胞病毒感染，請參閱本書P.88）的情形，及是否需要做進一步的染色體檢查。

如果胎兒過大

胎兒過大屬於對稱型的較多，這類的胎兒過大以遺傳為主要原因，如果父母身材高大，胎兒體型就可能比較大，新生兒發生問題的機會較少。

若孕媽咪患有妊娠糖尿病胎兒也會過大（請參閱本書P.118），這時就要小心控制孕媽咪的飲食與血糖，以避免發生新生兒低血糖性休克，或新生兒心臟出現問題；若只是胎頭過大，還要注意腦組織的發育，是否有水腦、腦腫瘤等現象。

非妊娠糖尿病而有胎兒過大的情況時，應限制孕媽咪每日的熱量攝取，以控制胎兒過度成長。

胎兒體重若大於4000公克，建議在陣痛前就考慮剖腹產。

Q 24.寶寶的臍帶血和臍帶很重要嗎？需要儲存嗎？

大B哥說

臍帶血指的是寶寶出生時臍帶中所留存的珍貴血液，斷臍後只有約10分鐘可以收集。臍帶血含有豐富的造血幹細胞，擁有重建和修復造血及免疫系統的能力，因此可以取代傳統骨髓移植。

依中華民國兒童癌症基金會統計，目前兒童最常見的四大癌症疾病分別為白血病、腦瘤、惡性淋巴瘤、神經母細胞瘤，若在生產時保留下臍帶血，未來治療就多了一個選擇機會。

而臍帶裡第二個寶是臍帶瓦頓氏凝膠（Wharton's Jelly）的間質感細胞，間質幹細胞可分化成多種細胞，更有免疫調節、組織再生修復、抗發炎、抗排斥……等功能，其研究除了包含急性呼吸窘迫症、肺纖維化、糖尿病併發症、退化性關節炎、心血管等組織與器官的再生與修復，更可使用在腦性麻痺患兒的動作改善和早產兒的肺部治療。造血及間質幹細胞混合移植，可有效提升移植成效，除了可輔助造血幹細胞於體內自然增生細胞數量，更可改善移植排斥問題。

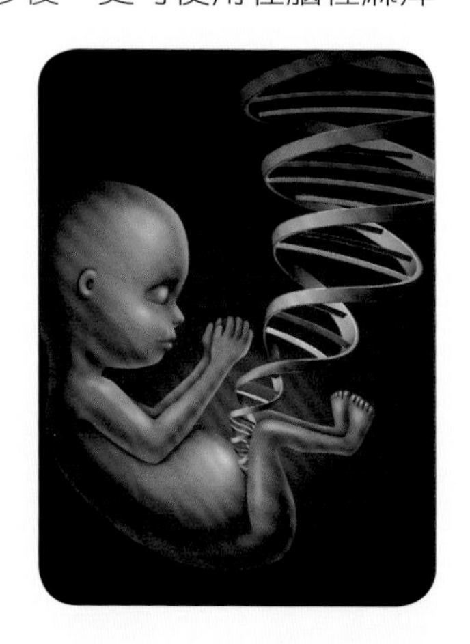

保留臍帶血與臍帶所含的新生兒幹細胞一生只有一次機會，隨著法規開放，利用幹細胞挽救的生命也愈來愈多。2021年我國衛生福利

部已表示使用自體臍帶血回輸可經醫師專業臨床評估後使用；而臍帶間質幹細胞在國際上對於新冠肺炎病毒（COVID-19）的研究眾多，讓各國對於嚴峻的疫情，除了研發疫苗與特效藥之外，又看見了新的曙光！目前國內知名的臍帶血公司也都積極投入幹細胞對於新冠肺炎的治療研發，因此建議各位家長在能力許可的情況下，不妨將臍帶血和臍帶這兩項珍貴的醫療資源保存起來哦！

Q 25.下星期就要生產了，還需要打新冠肺炎疫苗嗎？

大B哥說

原則上可以施打，但要留意以下事項：

1.因為打完疫苗需要兩週以後抗體才會達到足夠的保護濃度。

2.注射一個星期，抗體還不足以產生保護力，因此藉由胎盤保護胎兒的目的可能達不到，單純只能保護孕媽咪而已。

3.但是注射疫苗以後，抗體會出現在乳汁裡面，餵母乳也可以保護胎兒哦！

4.考量到注射疫苗會有發燒、倦怠的副作用，3天內即將生產的孕媽咪，可以延遲到產後再行施打。

國家圖書館出版品預行編目資料

預防出生缺陷,孕育健康寶寶 : 妳的產檢做對了嗎? / 鄭忠政著.
-- 初版.-- 新北市 : 金塊文化事業有限公司, 2021.10
204面 ; 17x23公分. -- (實用生活 ; 58)
ISBN 978-986-99685-5-3(平裝)
1.懷孕 2.妊娠 3.產前照護
429.12　　110015311

實用生活58

預防出生缺陷，孕育健康寶寶

妳的產檢做對了嗎？

金塊文化

作　　者：鄭忠政
發 行 人：王志強
總 編 輯：余素珠
美術編輯：JOHN平面設計工作室

出 版 社：金塊文化事業有限公司
地　　址：新北市新莊區立信三街35巷2號12樓
電　　話：02-2276-8940
傳　　真：02-2276-3425
E-mail：nuggetsculture@yahoo.com.tw

匯款銀行：上海商業銀行 新莊分行（總行代號 011）
匯款帳號：25102000028053
戶　　名：金塊文化事業有限公司

總 經 銷：創智文化有限公司
電　　話：02-22683489
印　　刷：大亞彩色印刷
初版一刷：2021年10月
定　　價：新台幣380元 / 港幣127元

ISBN：978-986-99685-5-3（平裝）
如有缺頁或破損，請寄回更換

團體訂購另有優待，請電洽或傳真